市政管道工程

主编 ○ 邹　宇　杨甲奇
参编 ○ 李　燕　李娇娜
主审 ○ 李全文

西南交通大学出版社
·成　都·

图书在版编目（CIP）数据

市政管道工程 / 邹宇，杨甲奇主编. —成都：西南交通大学出版社，2016.11（2021.6 重印）
ISBN 978-7-5643-5113-7

Ⅰ. ①市… Ⅱ. ①邹… ②杨… Ⅲ. ①市政工程 – 管道工程 – 工程施工 Ⅳ. ①TU990.3

中国版本图书馆 CIP 数据核字（2016）第 270701 号

市政管道工程
主编　邹　宇　杨甲奇

责任编辑	柳堰龙
封面设计	何东琳设计工作室
出版发行	西南交通大学出版社 （四川省成都市二环路北一段 111 号 西南交通大学创新大厦 21 楼）
发行部电话	028-87600564　028-87600533
邮政编码	610031
网址	http://www.xnjdcbs.com
印刷	四川煤田地质制图印刷厂
成品尺寸	185 mm × 260 mm
印张	12.5
字数	265 千
版次	2016 年 11 月第 1 版
印次	2021 年 6 月第 3 次
书号	ISBN 978-7-5643-5113-7
定价	29.80 元

课件咨询电话：028-81435775
图书如有印装质量问题　本社负责退换

四川交通职业技术学院

市政重点专业校本教材建设编审委员会

前　言

“市政管道工程”自 2010 年开始进行“基于工作过程”的课程改革，本书是配合行动教学的引导教材，是学生学习用书。

改革后的课程内容以市政管道一线的真实工作任务为载体，本书选取给水管道工程开槽施工、排水管道工程开槽施工、PE（PVC）管道开槽施工、市政管道不开槽施工、盾构法施工、其他市政管线工程六大任务为教学主线。施工方法、施工步骤等内容主要采用了引导问题的方式，以利培养学生自我学习能力。每项任务附有相应习题，以巩固基础，突出重点。

本书由四川交通职业技术学院邹宇、杨甲奇主编。任务 1、2、6 由邹宇编写，任务 3 由杨甲奇编写，任务 4 由李燕编写，任务 5 由李娇娜编写。全书由李全文主审。本书在编写过程中，得到企业，兄弟院校、系部的大力支持，在此表示感谢。

由于“基于工作过程”的课程改革是一项尝试中的工作，书中难免有不妥之处，请同行和读者批评指正。

编　者

2016 年 9 月

目　录

绪 论

市政管道工程是市政工程的重要组成部分，是城市重要的基础工程设施。它犹如人体内的“血管”和“神经”，日夜担负着传送信息和输送能量的任务，是城市赖以生存和发展的物质基础，是城市的生命线。

市政管道工程包括的种类很多，按其功能主要分为：给水管道、排水管道、燃气管道、热力管道、电力电缆和电信电缆6大类。

给水管道主要为城市输送供应生活用水、生产用水、消防用水和市政绿化及喷洒道路用水，包括输水管道和配水管网2部分。给水厂中符合国家现行生活饮用水卫生标准的成品水经输水管道输送到配水管网，然后再经配水干管、连接管、配水支管和分配管分配到各用水点上，供用户使用。

排水管道主要是及时收集城市中的生活污水、工业废水和雨水，并将生活污水和工业废水输送到污水处理厂进行适当处理后再排放，雨水一般既不处理也不利用，而是就近排放，以保证城市的环境卫生和生命财产的安全。一般有合流制和分流制2种排水体制，在一个城市中也可合流制和分流制并存。因此排水管道一般分为污水管道、雨水管道、合流管道。

燃气管道主要是将燃气分配站中的燃气输送分配到各用户，供用户使用。一般包括分配管道和用户引入管。我国城市燃气管道根据输气压力的不同一般分为：低压燃气管道（$P\leqslant 0.005\ \text{MPa}$）、中压B燃气管道（$0.005\ \text{MPa}<P\leqslant 0.2\ \text{MPa}$）、中压A燃气管道（$0.2\ \text{MPa}<P\leqslant 0.4\ \text{MPa}$）、高压B燃气管道（$0.4\ \text{MPa}<P\leqslant 0.8\ \text{MPa}$）、高压A燃气管道（$0.8\ \text{MPa}<P\leqslant 1.6\ \text{MPa}$）。高压A燃气管道通常用于城市间的长距离输送管线，有时也构成大城市输配管网系统的外环网；高压B燃气管道通常构成大城市输配管网系统的外环网，是城市供气的主动脉。高压燃气必须经调压站调压后才能送入中压管道，中压管道经用户专用调压站调压后，才能经中压或低压分配管道向用户供气，供用户使用。

热力管道是将热源中产生的热水或蒸汽输送分配到各用户，供用户取暖使用。一般有热水管道和蒸汽管道2种。

电力电缆主要为城市输送电能，按其功能可分为动力电缆、照明电缆、电车电缆等；按电压的高低又可分为低压电缆、高压电缆和超高压电缆3种。

电信电缆主要为城市传送信息，包括市话电缆、长话电缆、光纤电缆、广播电缆、电视电缆、军队及铁路专用通讯电缆等。

市政管道工程随着城市的发展而建设，长期以来我国各城市都建设了大量的市政管道工程，在国民经济建设和城市发展中发挥了相当重要的作用。

北京城早在 19 世纪中叶就建有比较完整的明渠和暗渠相结合的排水系统；1861 年上海市开始铺设第一条煤气管道；1898 年天津市开始铺设第一条给水管道；进入 21 世纪以来，我国城市建设飞速发展，市政管道工程建设也取得了长足的发展。就排水管道总长度而言，据不完全统计，目前我国省会城市一般都在 3 000 km 以上，中等城市一般都在 1 000 km 以上，大城市一般都在 6 000 km 以上。

根据国家统计局资料，截止到 2001 年底，我国排水管道总长度为 15.8 万千米，给水管道总长度为 28.9 万千米。目前我国共有城市 662 个，其中人口在 100 万以上的大城市就有 167 个，城市人口接近 5 亿；随着我国城市化进程的不断加快和人民生活水平的日益提高，市政管道的种类也越来越多；老城区原有市政管道设施年久失修，已不能满足现代化城市的需要，其改造工程量也将随着城市的发展大幅度增加；所有这些都将为市政管道工程施工技术的应用提供广阔的发展前景。

市政管道大都铺设在城市道路下，为了合理地进行市政管道的施工和便于日后的养护管理，需要正确确定和合理规划每种管道在城市道路上的平面位置和竖向位置。

根据城市规划布置要求，市政管道应尽量布置在人行道、非机动车道和绿化带下，只有在不得已时，才考虑将埋深大、维修次数少的污水管道和雨水管道布置在机动车道下。管线平面布置的次序一般是，从建筑规划红线向道路中心线方向依次为：电力电缆、电信电缆、燃气管道、热力管道、给水管道、雨水管道、污水管道。当各种管线布置发生矛盾时，处理的原则是：未建让已建、临时让永久、小管让大管、压力管让重力管、可弯管让不可弯管。

当工程管线交叉敷设时，自地面向地下竖向的排列顺序一般为：电力电缆、电信电缆、热力管道、燃气管道、给水管道、雨水管道、污水管道。

市政管道工程均为线型工程，其施工大都在市区内部进行，受城市道路交通情况、环境条件、地形条件、地质条件影响较大，有时还不能中断城市交通，这就给市政管道工程的施工带来了一定的难度，客观上要求施工人员要具有一定的专业素质，以便在合理利用现场条件的前提下尽快完成施工任务。从另一方面而言，还需研究如何采用先进、合理的施工技术，在保证工程质量的前提下，用最快、最经济、最合理方式完成每个工种的施工。不但要研究施工工艺和施工方法，而且要研究保证工程质量、降低工程成本和保证施工安全的技术措施和组织措施。

本教材主要阐述以下 5 部分内容：

（1）市政给水管道、排水管道、热力管道、电力管道、燃气管道的组成、构造和施工图识读。

（2）市政管道的开槽施工方法。

（3）市政管道的不开槽施工方法。

（4）市政管道的盾构施工。

（5）附属构筑物施工。

任务 1　给水管道工程开槽施工

你将完成的任务

给水管道系统的组成；给水网的布置；给水管材；给水管道构造；给水管道工程识图；承插式铸铁给水管道施工准备；沟槽土方开挖施工；地基处理施工；铸铁管道安装质量检查；沟槽土方回填。

你将收获的知识与能力

（1）掌握管道的基本构造。

（2）掌握管道工程施工内业的基本知识。

（3）掌握管道工程文明施工、安全施工的基本知识。

（4）能熟练识图管道工程施工图。

（5）能按照施工图，合理地选择管道施工方法。

（6）具备承插式铸铁给水管道开槽施工过程管理，内业、安全和材料管理的基本能力。

（7）具有安全文明施工的良好意识。

（8）能胜任管道施工员岗位工作。

工期要求

16 学时。

1.1　任务准备

（1）讨论：如图 1.1.1 所示内涝产生的原因是什么？

（a）

（b）

图 1.1.1　城市内涝

（2）讨论：如图 1.1.2 所示地面沉陷及积水管道破裂产生的原因是什么？

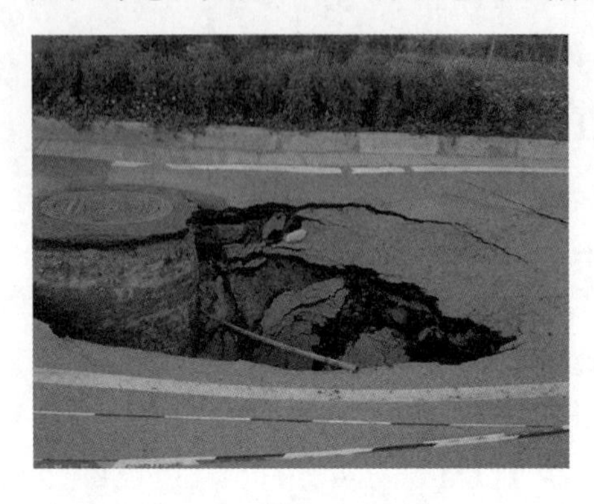

（a）

（b）

图 1.1.2　地面沉陷及积水管道破裂

1.2　课前测试

引导问题一：管网施工前需要做哪些准备工作？

（1）图纸会审。

（2）确定施工方案、编制预算。

（3）施工场地准备、三通一平等。

（4）定线放线。

（5）安全知识。

引导问题二：土方开挖应做哪些准备？

（1）土的工程特性指标。

（2）土的分类。

（3）鉴别各类土的方法。

（4）沟槽开挖。

（5）沟槽土方量计算。

1.3　交互学习

1.3.1　给水管道系统的组成

给水系统是指由取水、输水、水质处理、配水等设施以一定的方式组合而成的总体。通常由取水构筑物、水处理构筑物、泵站、输水管道、配水管网和调节构筑物 6 部分组成，如图 1.3.1 所示，其中输水管道和配水管网构成给水管道工程。根据水源的不同，一般有地表水源给水系统（图 1.3.1）和地下水源给水系统（图 1.3.2）两种形式。在一个城市中，可以单独采用地表水源给水系统或地下水源给水系统，也可以两种系统并存。

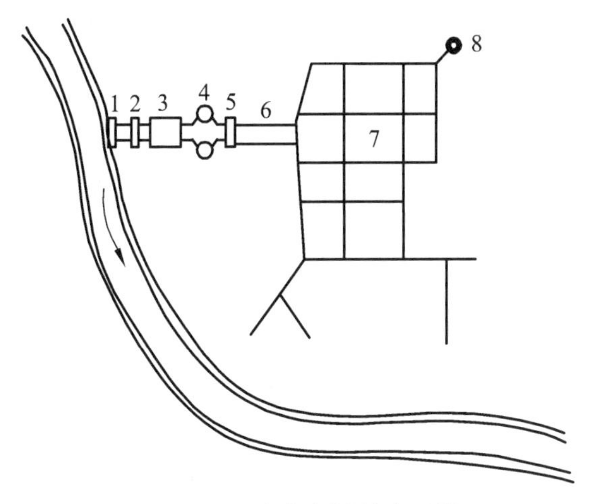

图 1.3.1　地表水源给水系统

1—取水构筑物；2——一级泵站；3—水处理构筑物；4—清水池；5—二级泵站；
6—输水管；7—配水管网；8—调节构筑物

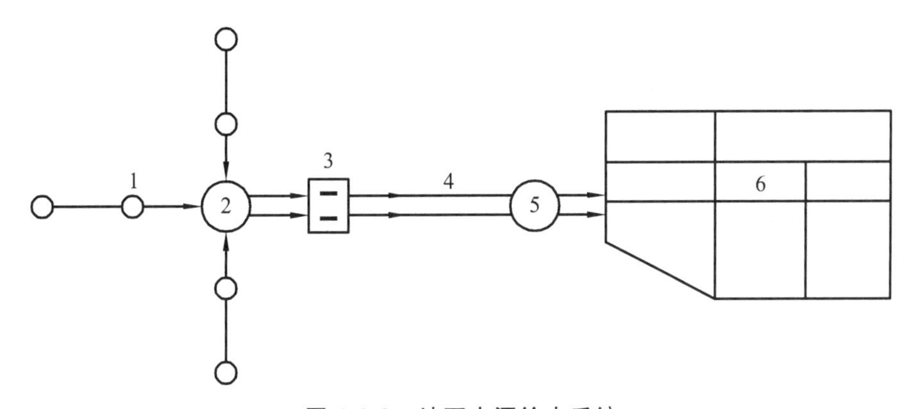

图 1.3.2　地下水源给水系统

1—井群；2—集水池；3—泵站；4—输水管；5—水塔；6—配水管网

给水管道工程的主要任务是将符合用户要求的水（成品水）输送和分配到各用户，一般通过泵站、输水管道、配水管网和调节构筑物等设施共同工作来完成。

输水管道是从水源向给水厂，或从给水厂向配水管网输水的管道，其主要特征是不向沿线两侧配水。输水管道发生事故将对城市供水产生巨大影响，因此输水管道一般都采用两条平行的管线，并在中间适当的地点设置连通管，安装切换阀门，以便其中一条输水管道发生故障时由另一条平行管段替代工作，保证安全输水，其供水保证率一般为 70%。阀门间距视管道长度而定，一般在 1 ~ 4 km。当有储水池或其他安全供水措施时，也可修建一条。

配水管网是用来向用户配水的管道系统。它分布在整个供水区域的范围内，接收输水管道输送来的水量，并将其分配到各用户的接管点上。一般配水管网由配水干管、连接管、配水支管、分配管、附属构筑物和调节构筑物组成。

1.3.2 给水网的布置

1. 布置原则

给水管网的主要作用是保证供给用户所需的水量、保证配水管网有适宜的水压、保证供水水质并不间断供水。因此给水管网布置时应遵守以下原则：

（1）根据城市总体规划，结合当地实际情况进行布置，并进行多方案的技术经济比较，择优定案。

（2）管线应均匀地分布在整个给水区域内，保证用户有足够的水量和水压，水质在输送的过程中不遭受污染。

（3）力求管线短捷，尽量不穿或少穿障碍物，以节约投资。

（4）保证供水安全可靠，事故时应尽量不间断供水或尽可能缩小断水范围。

（5）尽量减少拆迁，少占农田或不占良田。

（6）便于管道的施工、运行和维护管理。

（7）要远近期结合，考虑分期建设的可能性，既要满足近期建设需要，又要考虑远期的发展，留有充分的发展余地。

2. 布置形式

城市给水管网的布置主要受水源地地形、城市地形、城市道路、用户位置及分布情况、水源及调节构筑物的位置、城市障碍物情况、用户对给水的要求等因素的影响。一般给水管道尽量布置在地形高处，沿道路平行敷设，尽量不穿障碍物，以节省投资和减少供水成本。

根据水源地和给水区的地形情况，输水管道有以下 3 种布置形式：

（1）重力系统。

本系统适用于水源地地形高于给水区，并且高差可以保证以经济的造价输送所需水量的情况。此时，清水池中的水可以靠自身的重力，经重力输水管送入给水厂，经处理后将成品水再送入配水管网，供用户使用。

如水源水质满足用户要求，也可经重力输水管直接进入配水管网，供用户使用。该输水系统无动力消耗、管理方便、运行经济。当地形高差很大时为降低供水压力，可在中途设置减压水池，形成多级重力输水系统，如图 1.3.3 所示。

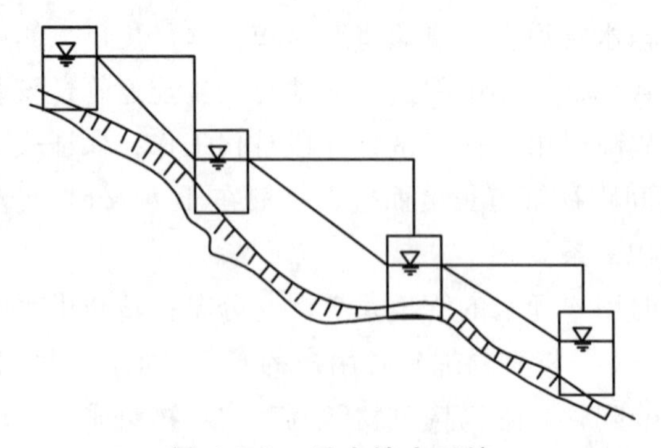

图 1.3.3　重力输水系统

（2）泵送系统。

本系统适用于水源地与给水区的地形高差不能保证以经济的造价输送所需的水量，或水源地地形低于给水区地形的情况。此时，水源（或清水池）中的水必须由泵站加压经输水管送至给水厂进行处理，或送至配水管网供用户使用。该输水系统需要消耗大量的动力，供水成本较高，如图 1.3.4 所示。

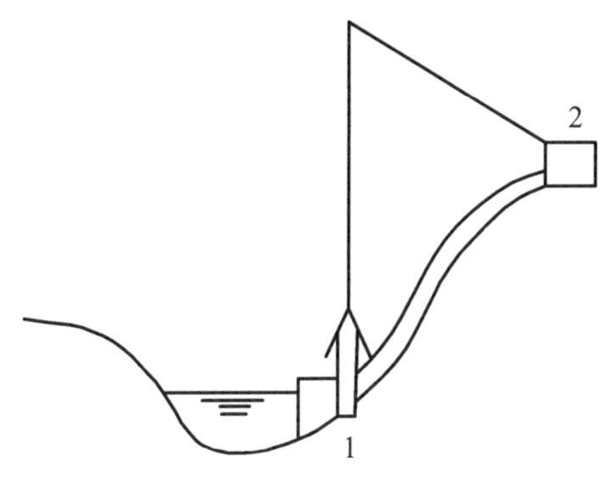

图 1.3.4　泵站加压输水管

1—泵站；2—高地水池

（3）重力、压力输水相结合的输水系统。

在地形复杂且输水距离较长时，往往采用重力和压力相结合的输水方式，以充分利用地形条件，节约供水成本。该方式在大型的长距离输水管道中应用较为广泛，如图 1.3.5 所示。

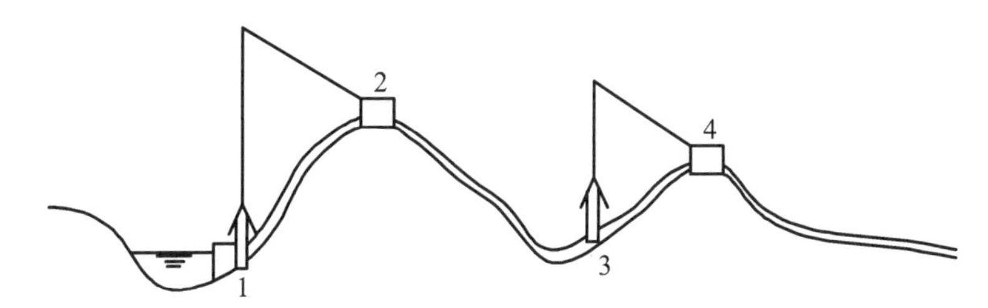

图 1.3.5　重力和压力相结合的输水系统

1、3—泵站；2、4—高地水池

配水管网一般敷设在城市道路下，就近为两侧的用户配水。因此，配水管网的形状应随城市路网的形状而定。随着城市路网规划的不同，配水管网可以有多种布置形式，但一般可归结为枝状管网和环状管网 2 种布置形式。

（1）枝状管网。枝状管网是因从二级泵站或水塔到用户的管线布置类似树枝状而得名。其干管和支管分明，管径由泵站或水塔到用户逐渐减小，如图 1.3.6 所示。

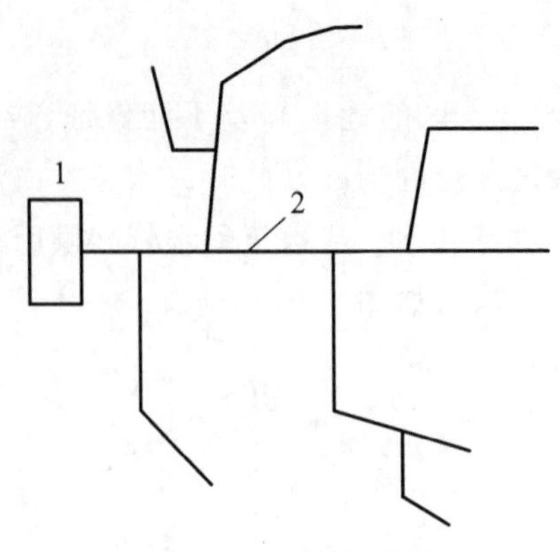

图 1.3.6　枝状管网

1—二级泵站；2—管网

树状管网特点：管线短、管网布置简单、投资少；可靠性差，在管网末端水量小，水流速度缓慢，甚至停滞不动，容易使水质变坏。

（2）环状管网。管网中的管道纵横相互接通，形成环状，如图 1.3.7 所示。

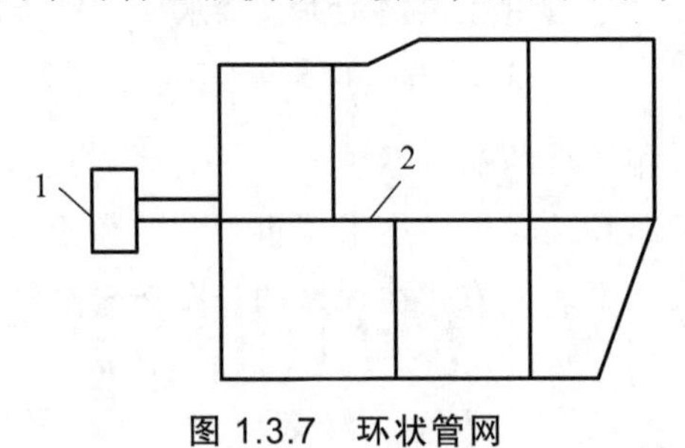

图 1.3.7　环状管网

1—二级泵站；2—管网

环状管网特点：管网供水的可靠性高、能削弱水锤、安全性高；管线长、布置复杂、投资多。

水锤：在突然停电或者阀门关闭太快时，由于压力水流惯性，产生水流冲击波。

3. 布置要求

输水管道应采用相同管径和管材的平行管线，间距宜为 2 ~ 5 m，中间用管道连通。连通管的间距视输水管道的长度而定：

当输水管道长度小于 3 km 时，间距 1 ~ 1.5 km；

当输水管长度在 3 ~ 10 km 时，间距为 2 ~ 2.5 km；

当输水管长度在 10 ~ 20 km 时，间距为 3 ~ 4 km。

通常输水管道被连通管分成 2 ~ 3 段时，可满足事故保证率 70%；要做到保证事故率、管道漏水与工程成本的平衡，须慎重考虑连通管的使用。

4. 配水管网的组成

配水管网是由各种大小不同的管段组成，不管枝状管网还是环状管网，按管段的功能均可划分为配水干管、连接管、配水支管和分配管。

配水干管接收输水管道中的水，并将其输送到各供水区。干管管径较大，一般应布置在地形高处，靠近大用户沿城市的主要干道敷设，在同一供水区内可布置若干条平行的干管，其间距一般为 500 ~ 800 m。

连接管用于配水干管间的连接，以形成环状管网，保证在干管发生故障关闭事故管段时，能及时通过连接管重新分配流量，从而缩小断水范围，提高供水可靠性。连接管一般沿城市次要干道敷设，其间距为 800 ~ 1 000 m。

配水支管是把干管输送来的水分配到进户管道和消火栓管道，敷设在供水区的道路下。在供水区内配水支管应尽量均匀布置；尽可能采用环状管线，同时应与不同方向的干管连接。

当采用树状管网时，配水支管不宜过长，以免管线末端用户水压不足或水质变坏。

分配管（也称为接户管）是连接配水支管与用户的管道，将配水支管中的水输送、分配给用户，供用户使用。一般每一用户有一条分配管即可，但重要用户的分配管可有 2 条或数条，并应从不同的方向接入，以增加供水的可靠性。

为了保证管网正常供水和便于维修管理，在管网的适当位置上应设置阀门、消火栓、排气阀、泄水阀等附属设备。其布置原则是数量尽可能少，但又要运用灵活。

阀门是控制水流、调节流量和水压的设备，其位置和数量要满足故障管段的切断需要，应根据管线长短、供水重要性和维修管理情况而定。一般干管上每隔 500 ~ 1 000 m 设一个阀门，并设于连接管的下游；干管与支管相接处，一般在支管上设阀门，以使支管的检修不影响干管供水；干管和支管上消火栓的连接管上均应设阀门；配水管网上两个阀门之间独立管段内消火栓的数量不宜超过 5 个。

消火栓应布置在使用方便，显而易见的地方，距建筑物外墙应不小于 5.0 m，距车行道边不大于 2.0 m，以便于消防车取水而又不影响交通。一般常设在人行道边，两个消火栓的间距不应超过 120 m。

排气阀用于排除管道内积存的空气，以减小水流阻力，一般常设在管道的高处。泄水阀用于排空管道内的积水，以便于检修时排空管道，一般常设在管道的低处。

给水管道相互交叉时，其最小垂直净距为 0.15 m；给水管道与污水管道、雨水管道或输送有毒液体的管道交叉时，给水管道应敷设在上面，最小垂直净距为 0.4 m，且接口不能重叠； 当给水管必须敷设在下面时，应采用钢管或钢套管，钢套管伸出交叉管的长度，每端不得小于 3.0 m，且套管两端应用防水材料封闭，并应保证 0.4 m 的最小垂直净距。

1.3.3　给水管材

给水管道为压力流，给水管材应满足下列要求：

（1）要有足够的强度和刚度，以承受在运输、施工和正常输水过程中所产生的各种荷载。

（2）要有足够的密闭性，以保证经济有效的供水。

（3）管道内壁应整齐光滑，以减小水头损失。

（4）管道接口应施工简便，且牢固可靠。

（5）应寿命长、价格低廉、且有较强的抗腐蚀能力。

在市政给水管道工程中，常用的给水管材主要有：

（1）铸铁管。

铸铁管主要用作埋地给水管道，与钢管相比具有制造较易，价格较低，耐腐蚀性较强等优点，其工作压力一般不超过 0.6 MPa；但铸铁管质脆、不耐振动和弯折、重量大。

我国生产的铸铁管有承插式和法兰盘式 2 种。承插式铸铁管分砂型离心铸铁管、连续铸铁管和球墨铸铁管 3 种。

球墨铸铁是通过（铸造铁水经添加球化剂后）球化和孕育处理得到球状石墨，有效地提高了铸铁的机械性能，特别是提高了塑性和韧性，从而得到比碳钢还高的强度。

为了提高管材的韧性及抗腐蚀性，可采用球墨铸铁管，其主要成分石墨为球状结构，比石墨为片状结构的灰口铸铁管的强度高，故其管壁较薄，重量较轻，抗腐蚀性能远高于钢管和普通的铸铁管，是理想的市政给水管材。目前我国球墨铸铁管的产量低、产品规格少、故其价格较高。

法兰盘式铸铁管不适用于做市政埋地给水管道，一般常用做建筑物、构筑物内部的明装管道或地沟内的管道。

（2）钢管。

钢管具有自重轻、强度高、抗应变性能比铸铁管及钢筋混凝土压力管好、接口操作方便、承受管内水压力较高、管内水流水力条件好等优点；但钢管的耐腐蚀性能差，使用前应进行防腐处理。

钢管有普通无缝钢管和纵向焊缝或螺旋形焊缝的焊接钢管。大直径钢管通常是在加工厂用钢板卷圆焊接，称为卷焊钢管。

（3）钢筋混凝土压力管。

钢筋混凝土压力管按照生产工艺分为预应力钢筋混凝土管和自应力钢筋混凝土管两种，适宜做长距离输水管道，其缺点是质脆、体笨，运输与安装不便；管道转向、分支与变径目前还须采用金属配件。

（4）预应力钢筒混凝土管（PCCP 管）。

预应力钢筒混凝土管是由钢板、钢丝和混凝土构成的复合管材，分为两种形式：

一种是内衬式预应力钢筒混凝土管（PCCP-L 管），是在钢筒内衬以混凝土，钢筒外缠绕预应力钢丝，在敷设砂浆保护层而成。

另一种是埋置式预应力钢筒混凝土管（PCCP-E 管），是将钢筒埋置在混凝土里面，然后在混凝土管芯上缠绕预应力钢丝，在敷设砂浆保护层。

（5）塑料管。

我国从 20 世纪 60 年代初，就开始用塑料管代替金属管做给水管道。塑料管具有良好的耐腐蚀性及一定的机械强度，加工成型与安装方便，输水能力强、材质轻、运输方便、价格便宜；但其强度较低、刚性差，热胀冷缩性大，在日光下老化速度加快，老化后易于断裂。

目前国内用作给水管道的塑料管有热塑性塑料管和热固性塑料管两种。热塑性塑料管有硬聚氯乙烯管（UPVC 管）、聚乙烯管（PE 管）、聚丙烯管（PP 管）、苯乙烯管（ABS 工程塑料管）、高密度聚乙烯管（HDPE 管）等。热固性塑料管主要是玻璃纤维增强树脂管（GRP 管），它是一种新型的优质管材，重量轻，施工运输方便，耐腐蚀性强，寿命长，维护费用低，一般用于强腐蚀性土壤处。

（6）给水管材的选择。

应根据：管径、内压、外部荷载和管道铺设地区的地形、地质、管材的供应等条件，按照安全、耐久、减少漏损、施工和维护方便、经济合理以及防止二次污染的原则，通过技术经济、安全等综合分析后确定。 通常情况下：球磨铸铁管、钢管应用于市政配水管道与输水管道；非车行道下小管径配水管道可采用塑料管；应力钢筒混凝土管、钢筋混凝土也常用作输水管。

采用金属管时应考虑防腐：内防腐（水泥砂浆衬里）；外防腐（环氧煤沥青、胶粘带、PE 涂层、PP 涂层）；电化学腐蚀（阴极保护）。

1.3.4 给水管件

1. 给水管配件

水管配件又称元件或零件。市政给水铸铁管通常采用承插连接，在管道的转弯、分支、变径及连接其他附属设备处，必须采用各种配件，才能使管道及设备正确衔接，也才能正确地设计管道节点的结构，保证正确施工。管道配件的种类非常多，如在管道分支处用的三通（又称丁字管）或四通、转弯处用的各种角度的弯管（又称弯头）、变径处用的变径管（又称异径管、大小头）、改变接口形式采用的各种短管等。给水铸铁管常用配件见表 1.3.1。

表 1.3.1 铸铁管配件

编号	名 称	符 号	编号	名 称	符 号
1	承插直管		17	承口法兰缩管	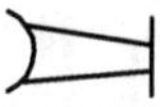
2	法兰直管		18	双承缩管	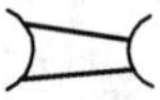
3	三法兰三通	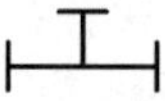	19	承口法兰短管	
4	三承三通	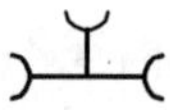	20	法兰插口短管	
5	双承法兰三通	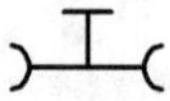	21	双承口短管	
6	法兰四通	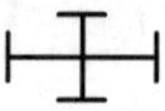	22	双承套管	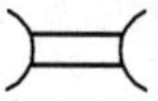
7	四承四通	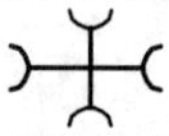	23	马鞍法兰	
8	双承双法兰四通	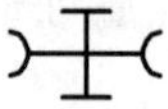	24	活络接头	
9	法兰泄水管	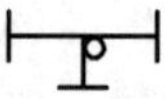	25	法兰式墙管（甲）	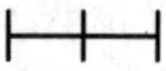
10	承口泄水管	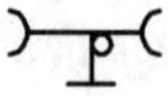	26	承式墙管（甲）	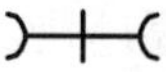
11	90°法兰弯管	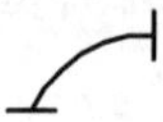	27	喇叭口	
12	90°双承弯管		28	闷头	
13	90°承插弯管		29	塞头	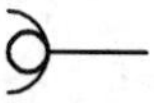
14	双承弯道	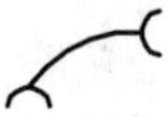	30	法兰式消火栓用弯管	
15	承插弯管		31	法兰式消火栓用丁字管	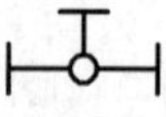
16	法兰缩管	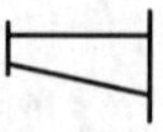	32	法兰式消火栓用十字管	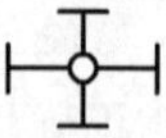

2．给水管附件

给水管网除了给水管道及配件外，还需设置各种附件（又称管网控制设备），如阀门、消火栓、排气阀、泄水阀等，以配合管网完成输配水任务，保证管网正常工作。常见的给水管附件如下：

（1）阀门。

阀门是调节管道内的流量和水压，并在事故时用以隔断事故管段的设备。常用的阀门有闸阀和蝶阀 2 种。闸阀靠阀门腔内闸板的升降来控制水流通断和调节流量大小，阀门内的闸板有楔式和平行式 2 种；蝶阀是将闸板安装在中轴上，靠中轴的转动带动闸板转动来控制水流。

（2）止回阀。

止回阀又称单向阀或逆止阀。主要是用来控制水流只朝一个方向流动，限制水流向相反方向流动，防止突然停电或其他事故时水倒流。止回阀的闸板上方根部安装在一个铰轴上，闸板可绕铰轴转动，水流正向流动时顶推开闸板过水，反向流动时闸板靠重力和水流作用而自动关闭断水，一般有旋启式止回阀和缓闭式止回阀等。

（3）排气阀。

管道在长距离输水时经常会积存空气，这既减小了管道的过水断面积，又增大了水流阻力，同时还会产生气蚀作用，因此应及时地将管道中的气体排除掉。排气阀就是用来排除管道中气体的设备，一般安装在管线的隆起部位，平时用以排除管内积存的空气，而在管道检修、放空时进入空气，保持排水通畅；同时在产生水锤时可使空气自动进入，避免产生负压。

排气阀应垂直安装在管线上，可单独放置在阀门井内，也可与其他管件合用一个阀门井。排气阀有单口和双口两种，常用单口排气阀。单口排气阀阀壳内设有铜网，铜网里装一空心玻璃球。当管内无气体时，浮球上浮封住排气口；随着管道内空气量的增加，空气升入排气阀上部聚积，使阀内水位下降，浮球靠自身重力随之下降而离开排气口，空气即由排气口排出。

单口排气阀一般用于直径小于 400 mm 的管道上，口径为 DN 16 ~ 25 mm。双口排气阀用于直径大于或等于 400 mm 的管道上，口径为 DN 50 ~ 200 mm。排气阀口径与管道直径之比一般为 1 : 8 ~ 1 : 12。

（4）泄水阀。

泄水阀是在管道检修时用来排空管道的设备。一般在管线下凹部位安装排水管，在排水管靠近给水管的部位安装泄水阀。泄水阀平时关闭，需排水放空时才开启，用于排除给水管中的沉淀物及放空给水管中的存水。泄水阀的口径应与排水管的管径一致，而排水管的管径需根据放空时间经计算确定。泄水阀通常置于泄水阀井中，泄水阀一般采用闸阀，也可采用快速排污阀 。

（5）消火栓。

消火栓是消防车取水的设备，一般有地上式和地下式两种，如图 1.3.8 所示。经公安部审定的消火栓“SS100”型地上式消火栓和“SX100”型地下式消火栓两种规格，如采用其他规格时，应取得当地消防部门的同意。

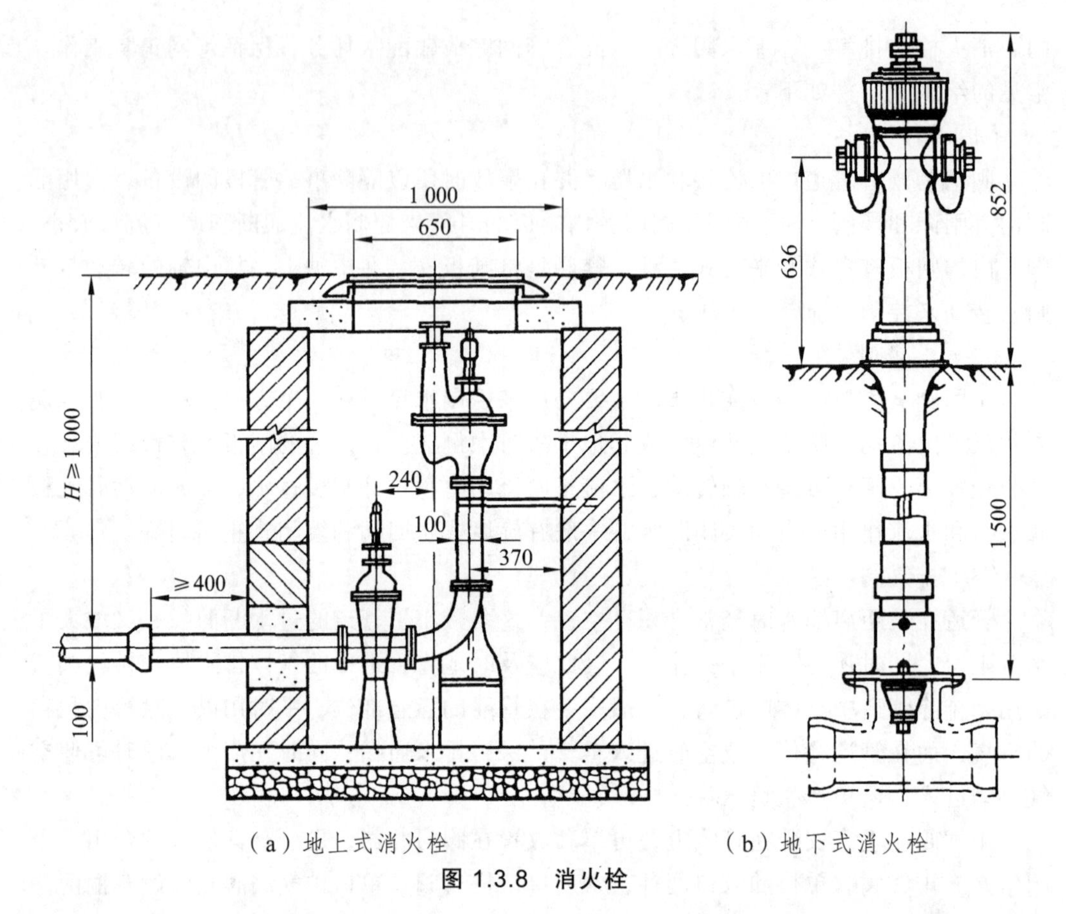

（a）地上式消火栓　　（b）地下式消火栓

图 1.3.8　消火栓

地上式消火栓适用于冬季气温较高的地区，设置在城市道路附近消防车便于靠近处，并涂以红色标志。“SS100”型地上式消火栓设有一个 100 mm 的栓口和两个 65 mm 的栓口。地上式消火栓目标明显，使用方便；但易损坏，有时妨碍交通。

地下式消火栓适用于冬季气温较低的地区，一般安装在阀门井内。“SX100”型地下式消火栓设有 100 mm 和 65 mm 的栓口各一个。地下式消火栓不影响交通，不易损坏；但使用时不如地上式消火栓方便易找。消火栓均设在给水管网的配水管线上，与配水管线的连接有直通式和旁通式两种方式。直通式是直接从配水干管上接出消火栓，旁通式是从配水干管上接出支管后再接消火栓。旁通式应在支管上安装阀门，以利安装、检修。直通式安装、检修不方便，但可防冻。一般每个消火栓的流量为 10 ~ 15 L/s。

1.3.5　给水管道构造

给水管道为压力流，在施工过程中要保证管材及其接口强度满足要求，并根据实际情况采取防腐、防冻措施；在使用过程中要保证管材不致因地面荷载作用而引起损坏，管道接口不致因管内水压而引起损坏。因此，给水管道的构造一般包括基础、管道、覆土 3 部分。

（1）基础。

给水管道的基础用来防止管道不均匀沉陷造成管道破裂或接口损坏而漏水。一般情况下有三种基础。

① 天然基础。

当管底地基土层承载力较高，地下水位较低时，可采用天然地基作为管道基础。施工时，将天然地基整平，管道铺设在未经扰动的原状土上即可，如图 1.3.9（a）所示。为安全起见，可将天然地基夯实后再铺设管道；为保证管道铺设的位置正确，可将槽底做成 90°～135°的弧形槽。

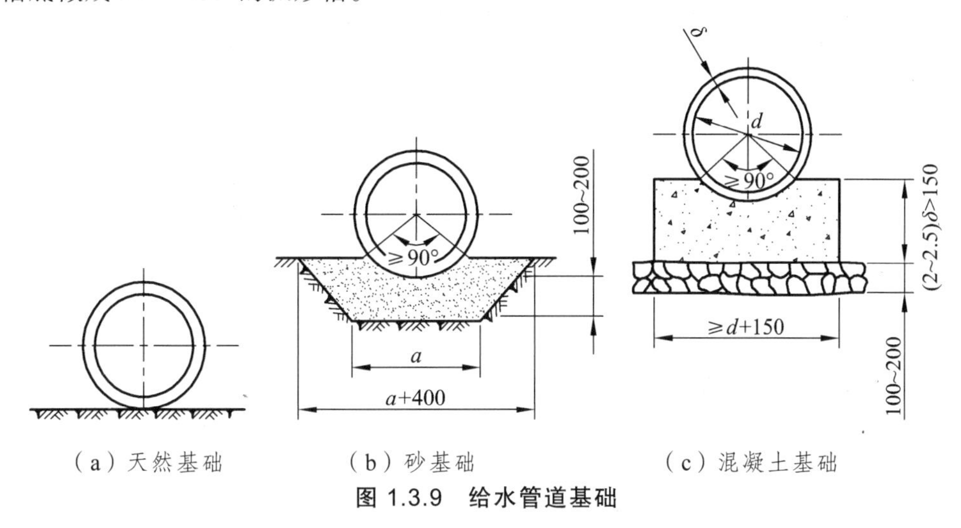

（a）天然基础　　（b）砂基础　　（c）混凝土基础

图 1.3.9　给水管道基础

② 砂基础。

当管底为岩石、碎石或多石地基时，对金属管道应铺垫不小于 100 mm 厚的中砂或粗砂，对非金属管道应铺垫不小于 150 mm 厚的中砂或粗砂，构成砂基础，再在上面铺设管道，如图 1.3.9（b）所示。

③ 混凝土基础。

当管底地基土质松软，承载力低或铺设大管径的钢筋混凝土管道时，应采用混凝土基础。根据地基承载力的实际情况，可采用强度等级不低于 C10 的混凝土带形基础，也可采用混凝土枕基，如图 1.3.9（c）所示。

混凝土带形基础是沿管道全长做成的基础，而混凝土枕基是只在管道接口处用混凝土块垫起，其他地方用中砂或粗砂填实。

对混凝土基础，如管道采用柔性接口，应每隔一定距离在柔性接口下，留出 600～800 mm 的范围不浇筑混凝土，而用中砂或粗砂填实，以使柔性接口有自由伸缩沉降的空间。

在流砂及淤泥地区，地下水位高，此时应先采取降水措施降低地下水位，然后再做混凝土基础。当流砂不严重时：可将块石挤入槽底土层中，在块石间用砂砾找平，然后再做基础；当流砂严重或淤泥层较厚时：须先打砂桩，然后在砂桩上做混凝土基础。当淤泥层不厚时，可清除淤泥层换以砂砾或干土做人工垫层基础。

为保证荷载正确传递和管道铺设位置正确，可将混凝土基础表面做成 90°、135°、180°的管座。

（2）管道。

管道是指采用设计要求的管材，常用的给水管材前已述及。

（3）覆土。

给水管道埋设在地面以下，其管顶以上应有一定厚度的覆土，以保证管道内的水在冬季不会因冰冻而结冰；在正常使用时管道不会因各种地面荷载作用而损坏。管道的覆土厚度是指管顶到地面的垂直距离，如图 1.3.10 所示。

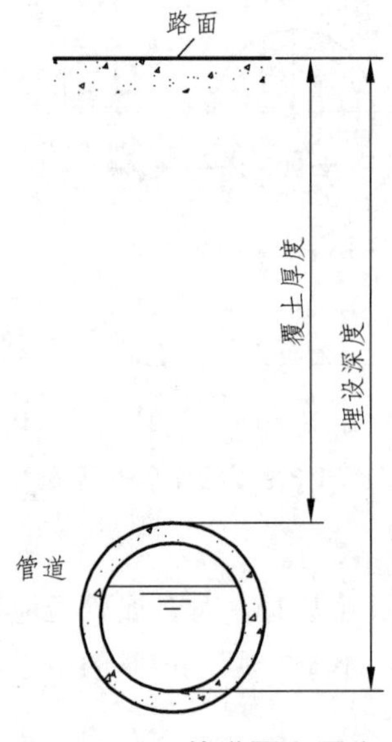

图 1.3.10　管道覆土厚度

在非冰冻地区，管道覆土厚度的大小主要取决于外部荷载、管材强度、管道交叉情况以及抗浮要求等因素。一般金属管道的最小覆土厚度在车行道下为 0.7 m，在人行道下为 0.6 m；非金属管道的覆土厚度不小于 1.0 ~ 1.2 m。当地面荷载较小，管材强度足够，或采取相应措施能确保管道不致因地面荷载作用而损坏时，覆土厚度的大小也可降低。

在冰冻地区，管道覆土厚度的大小，除考虑上述因素外还要考虑土壤的冰冻深度，一般应通过热力计算确定，通常覆土厚度应大于土壤的最大冰冻深度。当无实际资料不能通过热力计算确定时，管底在冰冻线以下的距离可按下列经验数据确定：

DN≤300 mm 时，为(DN + 200)mm；

300<DN≤600 mm 时，为(0.75DN)mm；

DN>600 mm 时，为(0.5DN)mm。

为保证给水管网的正常工作，满足维护管理的需要，在给水管网上还需设置一些附属构筑物。常用的附属构筑物主要有以下几种：

（1）阀门井。

给水管网中的各种附件一般都安装在阀门井中，使其有良好的操作和养护环境。阀门井的形状有圆形和矩形两种。阀门井的大小取决于管道的管径、覆土厚度及附件的种类、规格和数量。为便于操作、安装、拆卸与检修，井底到管道承口或法兰盘底的距离应不小于 0.1 m，法兰盘与井壁的距离应大于 0.15 m，从承口外缘到井壁的距离应大于 0.3 m，以便于接口施工。

阀门井一般用砖、石砌筑，也可用钢筋混凝土现场浇筑。其形式、规格和构造参见《市政工程设计施工系列图集》(给水排水工程册）或其他相关资料；其常见尺寸见表 1.3.2。当阀门井位于地下水位以下时，井壁和井底应不透水，在管道穿井壁处必须保证有足够的水密性。在地下水位较高的地区，阀门井还应有良好的抗浮稳定性。

表 1.3.2 阀门井尺寸

阀门直径/mm	阀井内径/mm	管中到井底高/mm	地面操作立式阀门井		井下操作立式阀门井
			最小井深/mm		最小井深/mm
			方头阀门	手轮阀门	
75(80)	1 000	440	1 310	1 380	1 440
100	1 000	450	1 380	1 440	1 500
150	1 200	475	1 560	1 630	1 630
200	1 400	500	1 690	1 880	1 750
250	1 400	525	1 800	1 940	1 880
300	1 600	550	1 940	2 130	2 050
350	1 800	675	2 160	2 350	2 300
400	1 800	700	2 350	2 540	2 430
450	2 000	725	2 480	2 850	2 680
500	2 000	750	2 660	2 980	2 740
600	2 200	800	3 100	3 480	3 180
700	2 400	850		3 660	3 430
800	2 400	900		4 230	3 990
900	2 800	950		4 230	4 120
1 000	2 800	1 000		4 850	4 620

（2）泄水阀井。

泄水阀一般放置在阀门井中构成泄水阀井，当由于地形因素排水管不能直接将水排走时，还应建造一个与阀门井相连的湿井。当需要泄水时，由排水管将水排入湿井，再用水泵将湿井中的水排走，如图 1.3.11 所示。

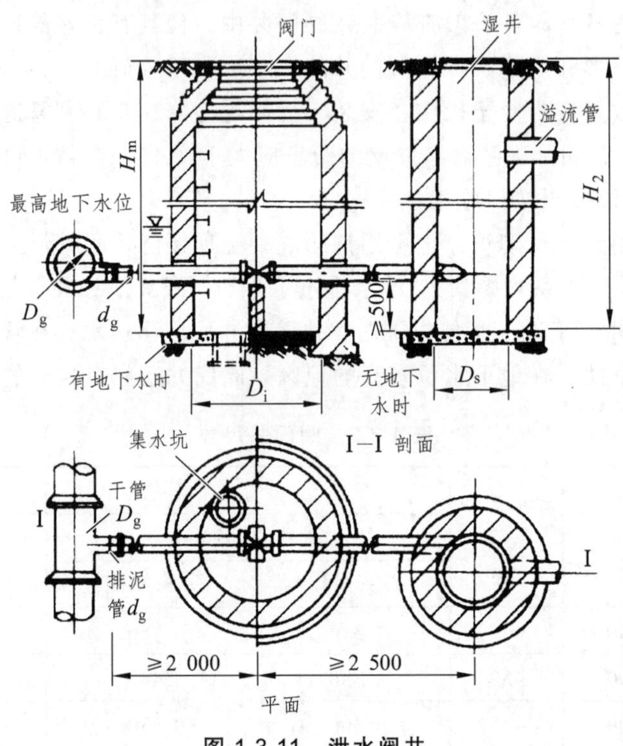

图 1.3.11　泄水阀井

泄水阀井的构造与阀门井相同，其常见尺寸见表 1.3.3。

表 1.3.3　泄水阀门井尺寸

干管直径 DN/mm	泄水管直径 /mm	井内径 /mm	湿井内径 /mm	管件规格/mm	
				三通	闸阀
200	75	1 200	700	200×75	75
250	75	1 200	700	200×75	75
300	75	1 200	700	200×75	75
350	75～100	1 200	700	350×75（100）	75～100
400	100～150	1 200	1 000	400×75（150）	100～150
450	150～200	1 200～1 400	1 000	450×150（200）	150～200
500	150～200	1 200～1 400	1 000	500×150（200）	150～200

续表 1.3.3

干管直径 DN/mm	泄水管直径 /mm	井内径 /mm	湿井内径 /mm	管件规格/mm	
				三通	闸阀
600	200	1 400	1 000	600×200	200
700	200 ~ 250	1 400	1 000 ~ 1 200	700×200（250）	200 ~ 250
800	250	1 400	1 200	800×250	250
900	250 ~ 300	1 600	1 200	900×250（300）	250 ~ 300
1000	300 ~ 400	1 800	1 200	1 000×300（400）	300 ~ 400

（3）排气阀门井。

排气阀门井与阀门井相似，其构造如图 1.3.12 所示，常见尺寸见表 1.3.4。

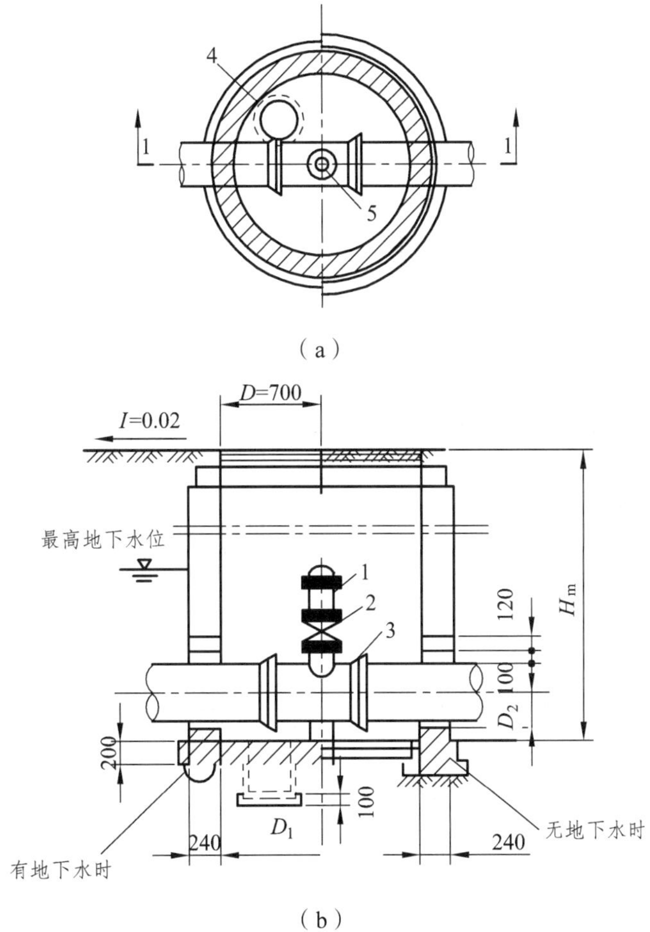

图 1.3.12　排气阀井

1—排气阀；2—阀门；3—排气丁字管；4—集水坑（DN200 混凝土管）；5—支墩

表 1.3.4　排气阀门井尺寸

干管直径/mm	井内径/mm	最小井深/mm	1	2	3
			排气阀规格	闸阀规格	排气三通规格
100	1 200	1 690	16 单口	75	100×75
150	1 200	1 740	16 单口	75	150×75
200	1 200	1 820	20 单口	75	200×75
250	1 200	1 870	20 单口	75	250×75
300	1 200	1 950	25 单口	75	300×75
350	1 200	2 000	25 单口	75	350×75
400	1 200	2 170	50 双口	75	400×75
450	1 200	2 210	50 双口	75	450×75
500	1 200	2 260	50 双口	75	500×75
600	1 200	2 360	75 双口	75	600×75
700	1 400	2 480	75 双口	75	700×75
800	1 400	2 570	75 双口	75	800×75
900	1 400	2 780	100 双口	100	900×75
1000	1 400	2 880	100 双口	100	1 000×100
1200	1 600	3 140	100 双口	100	1 200×100
1400	1 600	3 590	150 双口	150	1 400×150
1500	1 800	3 690	150 双口	150	1 500×150
1600	1 800	3 790	150 双口	150	1 600×150
1800	2 400	4 010	200 双口	200	1 800×200
2000	2 400	4 210	120 双口	200	2 000×200

（4）支墩。

承插式接口的给水管道，在弯管、三通、变径管及水管末端盖板等处，由于水流的作用，都会产生向外的推力。当推力大于接口所能承受的阻力时，就可能导致接头松动脱节而漏水，因此必须设置支墩以承受此推力，防止漏水事故的发生。

但当管径小于 DN350 mm，且试验压力不超过 980 kPa 时；或管道转弯角度小于 10°时，接头本身均足以承受水流产生的推力，此时可不设支墩。支墩一般用混凝土建造，也可用砖、石砌筑，一般有水平弯管支墩、垂直向下弯管支墩、垂直向上弯管支墩等，如图 1.3.13 所示。给水管道支墩的形状和尺寸参见《市政工程设计施工系列图集》（给水排水工程册）或其他相关资料。

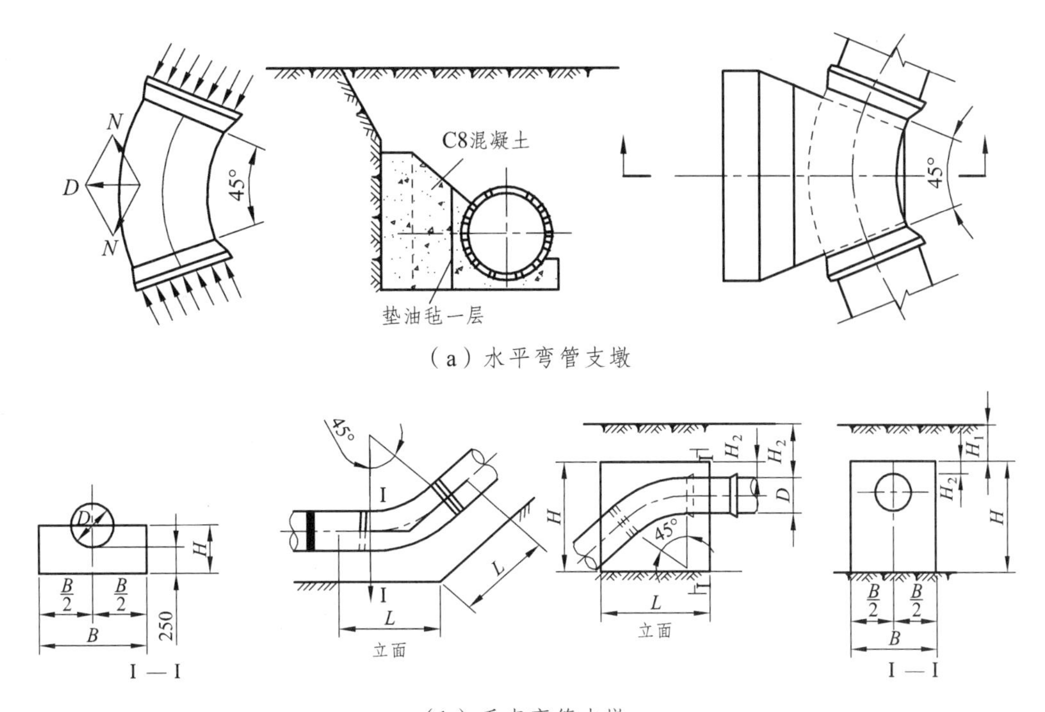

图 1.3.13 给水管道支墩

（5）管道穿越障碍物。

市政给水管道在通过铁路、公路、河谷时，必须采取一定的措施保证管道安全可靠地通过。管道穿越铁路或公路时，其穿越地点、穿越方式和施工方法，应符合相应的技术规范的要求，并经过铁路或交通部门同意后才可实施。根据穿越的铁路或公路的重要性，一般可采取如下措施：

① 穿越临时铁路、一般公路或非主要路线且管道埋设较深时，可不设套管，但应优先选用铸铁管（青铅接口），并将铸铁管接头放在障碍物以外；也可选用钢管（焊接接口），但应采取防腐措施。

② 穿越较重要的铁路或交通繁忙的公路时，管道应放在钢管或钢筋混凝土套管内，套管直径根据施工方法而定。大开挖施工时，应比给水管直径大 300 mm，顶管施工时应比给水管直径大 600 mm。套管应有一定的坡度以便排水，路的两侧应设阀门井，内设阀门和支墩，并根据具体情况在低的一侧设泄水阀。

给水管穿越铁路或公路时，其管顶或套管顶在铁路轨底或公路路面以下的深度不应小于 1.2 m，以减轻路面荷载对管道的冲击。

管道穿越河谷时，其穿越地点、穿越方式和施工方法，应符合相应的技术规范的要求，并经过河道管理部门的同意后才可实施。根据穿越河谷的具体情况，一般可采取如下措施：

a. 当河谷较深，冲刷较严重，河道变迁较快时，应尽量架设在现有桥梁的人行道下面穿越，此种方法施工、维护、检修方便，也最为经济。如不能架设在现有桥梁下穿越，则应以架空管的形式通过。架空管一般采用钢管，焊接连接，两端设置阀门井和伸缩接头，最高点设置排气阀，如图 1.3.14 所示。架空管的高度和跨度以不影响航运为宜，一般矢高和跨度比为 1：6～1：8，常用 1：8。

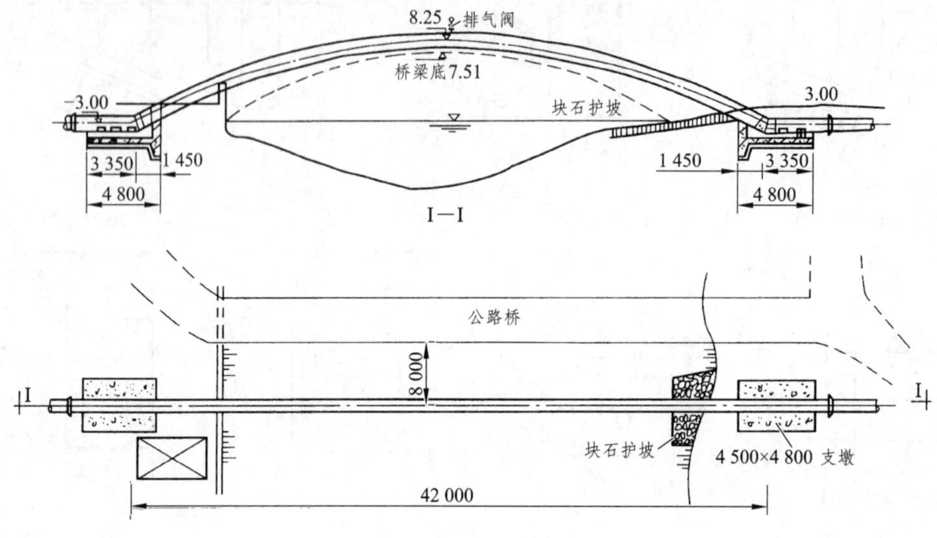

图 1.3.14 架空管

架空管维护管理方便，防腐性好，但易遭破坏，防冻性差，在寒冷地区必须采取有效的防冻措施。

b. 当河谷较浅，冲刷较轻，河道航运繁忙，不适宜设置架空管；或穿越铁路和重要公路时，须采用倒虹管，如图 1.3.15 所示。

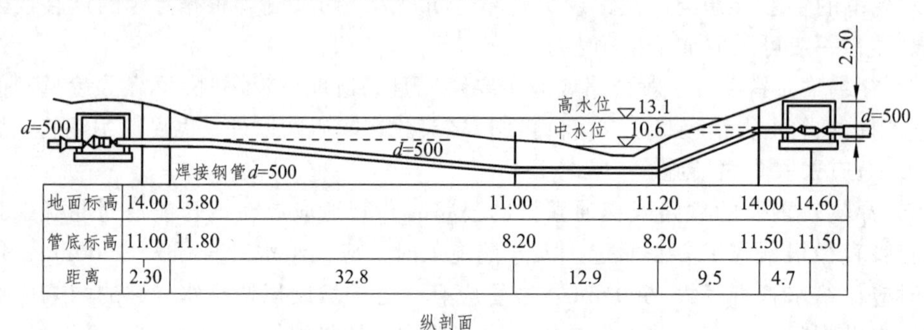

地面标高	14.00	13.80	11.00	11.20	14.00	14.60
管底标高	11.00	11.80	8.20	8.20	11.50	11.50
距离	2.30	32.8	12.9	9.5	4.7	

纵剖面

4.00
4.00
3.00
2.25
2.25
3.00
放空管
14.00
13.50
11.00
11.00
14.00

平面

图 1.3.15 倒虹管

倒虹管的穿越地点、穿越方式和施工方法，应符合相应的技术规范的要求，并经相关管理部门的同意后才可实施。倒虹管在河床下的深度一般不小于 0.5 m，但在航道线范围内不应小于 1.0 m；在铁路路轨底或公路路面下一般不小于 1.2 m。一般同时敷设两条，一条工作另一条备用，两端设置阀门井，最低处设置泄水阀以备检修用。一般采用钢管，焊接连接，并加强防腐措施，管径一般比其两端连接的管道的管径小一级，以增大水流速度，防止在低凹处淤积泥沙。

在穿越重要的河道、铁路、和交通繁忙的公路时，可将倒虹管置于套管内，套管的管材和管径应根据施工方法确定。

倒虹管具有适应性强、不影响航运、保温性好、隐蔽安全等优点，但施工复杂、检修麻烦、须做加强防腐。

1.3.6 给水管道工程施工图识读

给水管道工程施工图的识读是保证工程施工质量的前提，一般给水管道施工图包括平面图、纵剖面图、大样图和节点详图 4 种。

1. 平面图识读

管道平面图主要体现的是管道在平面上的相对位置以及管道敷设地带一定范围内的地形、地物和地貌情况，如图 1.3.16 所示。识读时应主要搞清以下一些问题：

（1）图纸比例、说明和图例。

（2）管道施工地带道路的宽度、长度、中心线坐标、折点坐标及路面上的障碍物情况。

（3）管道的管径、长度、节点号、桩号、转弯处坐标、中心线的方位角、管道与道路中心线或永久性地物间的相对距离以及管道穿越障碍物的坐标等。

（4）与本管道相交、相近或平行的其他管道的位置及相互关系。

（5）附属构筑物的平面位置。

（6）主要材料明细表。

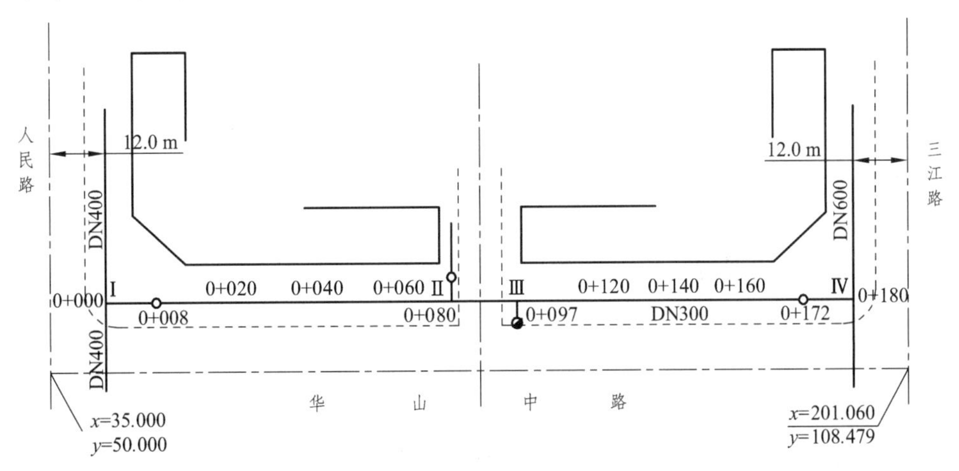

图 1.3.16 管道平面图

2. 纵剖面图识读

纵剖面图主要体现管道的埋设情况如图 1.3.17 所示。识读时应主要搞清以下一些问题：

（1）图纸横向比例、纵向比例、说明和图例。

（2）管道沿线的原地面标高和设计地面标高。

（3）管道的管中心标高和埋设深度。

（4）管道的敷设坡度、水平距离和桩号。

（5）管径、管材和基础。

（6）附属构筑物的位置、其他管线的位置及交叉处的管底标高。

（7）施工地段名称。

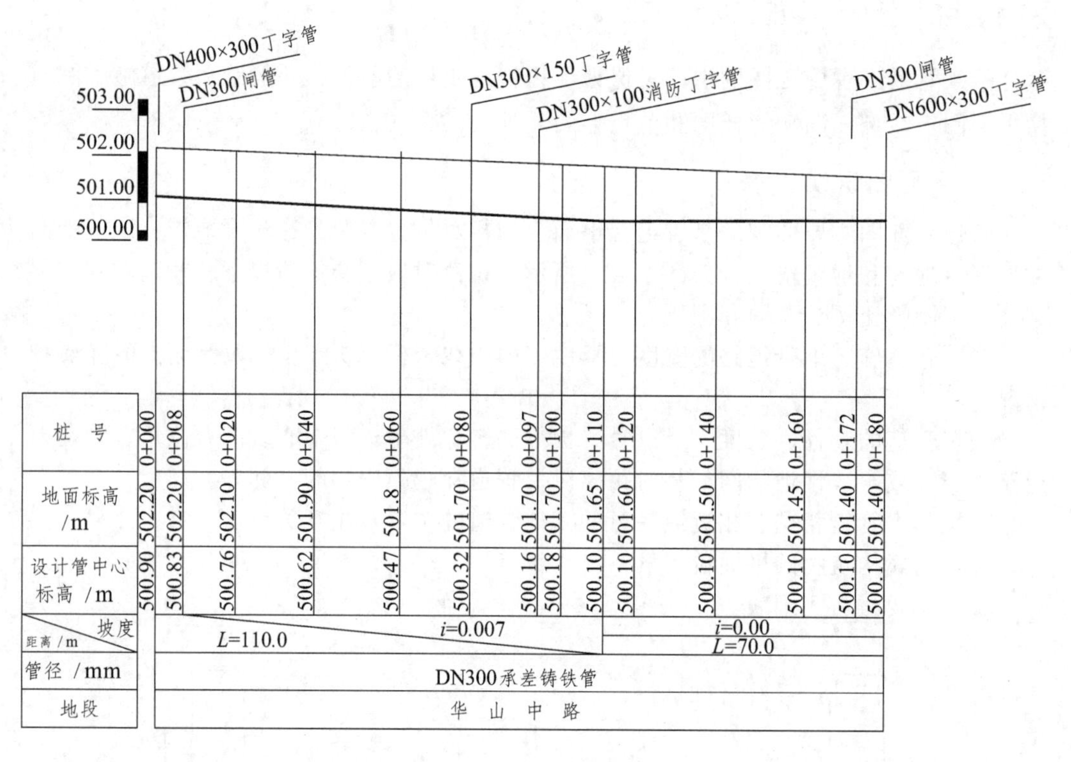

图 1.3.17　纵剖面图

3. 大样图识读

大样图主要是指阀门井、消火栓井、排气阀井、泄水井、支墩等的施工详图，一般由平面图和剖面图组成，如图 1.3.18 所示的泄水阀井。识读时应主要搞清以下一些内容：

（1）图纸比例、说明和图例。

（2）井的平面尺寸、竖向尺寸、井壁厚度。

（3）井的组砌材料、强度等级、基础做法、井盖材料及大小。
（4）管件的名称、规格、数量及其连接方式。
（5）管道穿越井壁的位置及穿越处的构造。
（6）支墩的大小、形状及组砌材料。

4. 节点详图

节点详图主要是体现管网节点处各管件间的组合、连接情况，以保证管件组合经济合理，水流通畅，识读时应主要搞清以下一些内容：
（1）管网节点处所需的各种管件的名称、规格、数量。
（2）管件间的连接方式。

1.3.7 给水管道施工

1. 土的物理性质

土的物理性质主要由如下指标表征：
（1）土的天然密度和重力密度。
（2）土粒的相对密度。
（3）土的天然含水量。
（4）土的干密度和干重度。
（5）土的孔隙比与孔隙率。
（6）土的饱和重度与土的有效重度。
（7）土的饱和度。
（8）土的可松性和可松性系数（表 1.3.5）。

表 1.3.5 土的可松性系数

土的种类	土的可松性系数	
	K_1	K_2
砂土、黏性土	1.08 ~ 1.17	1.01 ~ 1.03
砂碎石	1.14 ~ 1.28	1.02 ~ 1.05
种植土、淤泥	1.2 ~ 1.3	1.02 ~ 1.04
黏土、碎石	1.24 ~ 1.3	1.04 ~ 1.07
卵石土	1.26 ~ 1.32	1.06 ~ 1.09
岩石	1.33 ~ 1.5	1.1 ~ 1.3

（9）不同土的渗透性见表 1.3.6。

表 1.3.6　土的渗透性

土的种类	土的渗透系数/（m/d）
黏土	<0.005
粉土	0.1 ~ 0.5
粉砂	0.5 ~ 1.0
细砂	1.0 ~ 5.0
中砂	5.0 ~ 20.0
粗砂	20.0 ~ 50.0
砾石	50.0 ~ 100.0

2. 土的力学性质

1）土的抗剪强度指标

砂性土：摩擦力。

黏性土：摩擦力、黏聚力。

2）土的侧土压力

土的侧土压力主要包括主动土压力、被动土压力、静止土压力。

3. 土的分类

（1）《建筑地基基础设计规范》GB 50007—2002 中将土分为六类：岩石；碎石土；砂土；粉土；黏性土：黏性粉土、黏土；人工填土：素填土、杂填土、冲填土。

（2）按土石坚硬程度和开挖方法，土石可分 8 类（表 1.3.7）。

表 1.3.7　土石的分类

土的类型	土的名称	开挖方法
一类土	松软土	锹
二类土	普通土	锹，镐
三类土	坚土	镐
四类土	砂砾坚土	镐，撬棍
五类土	软岩	镐，撬棍，大锤，工程爆破
六类土	次坚石	工程爆破
七类土	坚石	工程爆破
八类土	特坚石	工程爆破

4. 沟槽开挖

沟槽开挖施工方案所包含的内容如下：

（1）沟槽施工平面布置图及开挖断面图。

（2）沟槽形式、开挖方法及堆土要求。

（3）无支撑沟槽的边坡要求。

（4）施工设备机具的型号、数量及作业要求。

（5）不良土质开挖的措施。

5. 沟槽开挖方法

1）人工开挖

适用：管径小、土方少；场地狭窄、障碍多。

要求：沟槽深≥3 m 时，需分层开挖，每层不超过 2 m，并设层间台，必要时需用支护沟底不得超挖。

2）机械开挖

开挖方法：机械开挖、人工清底。

（1）推土机（T）。

分类：通用型、专用型。

行走方式：履带式、轮胎式（L）；如图 1.3.18 所示。

（a）

（b）

图 1.3.18　推土机

（2）挖掘机（W）。

分类：单斗（图 1.3.19）、多斗（图 1.3.20）。

图 1.3.19　单斗挖掘机　　　　图 1.3.20　多斗挖掘机

行走方式：履带式、轮胎式（L）、汽车式（Q）；如图 1.3.21 所示。

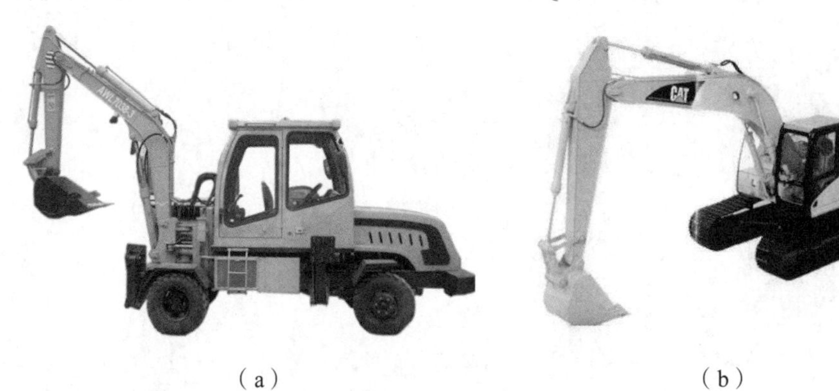

（a）　　　　（b）

图 1.3.21　行走方式不同的挖掘机

① 单斗挖掘机（图 1.3.22）。

传动方式：机械、液压（Y）、电力（D）。

分类：正铲、反铲、爪铲、拉铲。

（a）　　　　（b）

图 1.3.22　单斗挖掘机

正铲卸土方式：正挖侧卸、正挖后卸（图 1.3.23）。

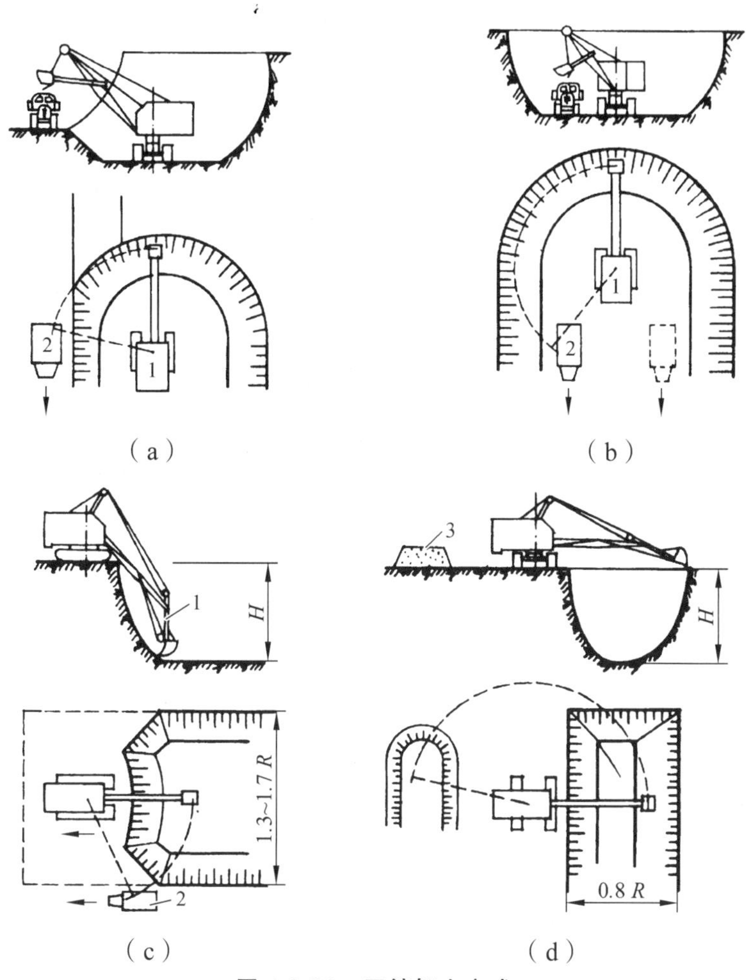

图 1.3.23　正铲卸土方式

② 多斗挖掘机（图 1.3.24）。

优点：连续作业、开挖整齐、自动卸土。

适用：黄土、黏土。

不适用：坚硬土、含水量大的土。

图 1.3.24　正铲卸土方式

③ 挖掘装载机（图 1.3.25）。

图 1.3.25　正铲卸土方式

3）堆土要求

① 不影响：建筑物、管线、其他设施。

② 不掩埋：消火栓、管道闸阀、雨水口与各种井盖、测量标志。

③ 距沟槽边缘≥0.8 m。

④ 堆土高度≤1.5 m。

⑤ 严禁超挖。

⑥ 槽底不得受水浸泡和受冻。

⑦ 槽壁平顺、边坡符合要求（表 1.3.8）。

表 1.3.8　沟槽开挖的允许偏差

<table>
<tr><th rowspan="2">序号</th><th rowspan="2">检查项目</th><th rowspan="2" colspan="2">允许偏差/mm</th><th colspan="2">检查数量</th><th rowspan="2">检查方法</th></tr>
<tr><th>范围</th><th>点数</th></tr>
<tr><td rowspan="2">1</td><td rowspan="2">槽底高程</td><td>土方</td><td>±20</td><td rowspan="2">两井之间</td><td rowspan="2">3</td><td rowspan="2">用水准仪测量</td></tr>
<tr><td>石方</td><td>+20、−200</td></tr>
<tr><td>2</td><td>槽底中纸每侧宽度</td><td colspan="2">不小于规定</td><td>两井之间</td><td>6</td><td>挂中线用钢尺量测，每侧计 3 点</td></tr>
<tr><td>3</td><td>沟槽边坡</td><td colspan="2">不陡于规定</td><td>两井之间</td><td>6</td><td>用坡度尺量测，每侧计 3 点</td></tr>
</table>

6. 沟槽土方量计算

（1）计算土方工程量时应先确定沟槽开挖的断面形式（图 1.3.26）。沟槽主要断面形式如下：

① 直槽。

② 梯形槽。

③ 混合槽。

④ 联合槽。

（a）　　（b）

（c）　　（d）

图 1.3.26　沟槽开挖的断面形式

（2）沟槽底宽和沟槽开挖深度。

沟槽底宽：$W=B+2b$。

沟槽上口宽度：$S=W+2nH$。

小测试

在测量顶线、放线后，打算开挖沟槽土方，此时，应掌握哪些知识，需要做哪些工作？

拓展问题

覆土深度及埋深的要求是什么？DN 是什么意思？流砂是什么意思？

7. 地基处理施工

1）地基处理的意义

地基处理的意义是使地基同时满足容许沉降量和容许承载力的要求。

2）地基处理的目的

（1）改善土的剪切性能，提高抗剪强度。

（2）降低软弱土的压缩性，减少基础的沉降或不均匀沉降。

（3）改善土的透水性，起着截水、防渗的作用。

（4）改善土的动力特性，防止砂土液化。

（5）改善特殊土的不良地基特性。

3）地基处理对象（图 1.3.27）

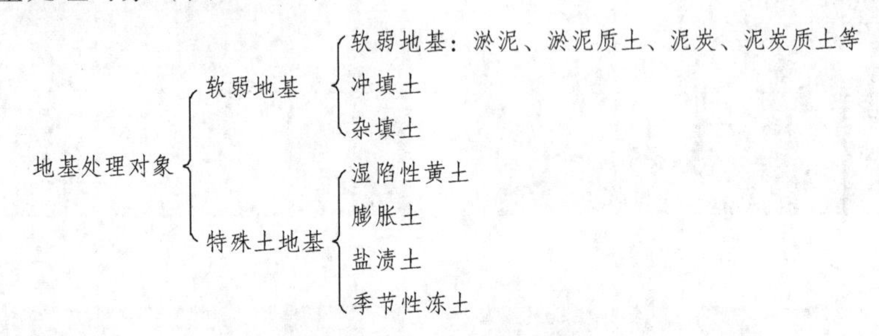

图 1.3.27　地基处理对象

4）地基处理方法

地基处理的分类方法多种多样，按时间可分为临时处理和永久处理；按处理深度分为浅层处理和深层处理；按处理土性对象分为砂性土处理和黏性土处理，饱和土处理和非饱和土处理；也可按地基处理的加固机理进行分类。因为现有的地基处理方法很多，新的地基处理方法还在不断发展，要对各种地基处理方法进行精确分类是困难的。常见的分类方法主要是按照地基处理的加固机理进行分类，如图 1.3.28 所示。

地基处理方法
- 换填土：换土垫层法、褥垫法
- 密实法：浅层密实、深层密实
- 碾压法：机械碾压、振动压法、重锤夯实法、强夯法
- 排水固结法：堆载顶压法、排水纸板法
- 浆液加固：硅化法、旋喷法、碱液加固法、水泥灌浆法、深层搅拌法

图 1.3.28　地基处理方法

5）地基处理施工

（1）换土垫层施工，主要有如下几种垫层：

① 素土垫层。

② 砂和砂石垫层。

③ 灰土垫层。

（2）碾压夯实，主要包括如下方法：

① 机械碾压法（图 1.3.29）。

（a）　　　　　　　　（b）

图 1.3.29　碾压机械

② 重锤夯实法（图 1.3.30）。

图 1.3.30　重锤夯实

拓展问题

重锤夯实前应做什么准备工作？怎么确定夯击次数？怎么确定检查点数？

③ 振动压实法（图 1.3.31）。

（a）　　　　　　　　（b）

图 1.3.31　振动压实

（3）挤密桩与振冲桩。

① 挤密桩（图 1.3.32）。

（a）

（b）

图 1.3.32　挤密桩

② 振冲桩（图 1.3.33）。

图 1.3.33　振冲桩

（4）排水固结法（图 1.3.34）。

（a）

（b）

（c）

图 1.3.34　排水固结

（5）浆液加固（图 1.3.35）。

图 1.3.35　浆液加固

① 硅化法。

通过打入带孔的金属灌注管，在一定的压力下，将硅酸钠（俗称水玻璃）溶液注入土中，溶液入土后，钠离子与土中水溶性盐类中的钙离子（主要为硫酸钙）产生离子交换的化学反应，在土粒间及其表面形成硅酸钙凝胶体，可以使黄土的无侧限极限抗压强度达到 0.6 ~ 0.8 MPa。

② 碱液加固法。

碱液对土的加固作用不同于其他的化学加固方法，它不是从溶液本身析出胶凝物质，而是碱液与土发生化学反应后，使土颗粒表面活化，自行胶结，从而增强土的力学强度及其水稳定性。

8. 铸铁管道安装施工

1）管道安装前的准备工作

（1）沟槽开挖的质量检查（图 1.3.36）。检查项目如下：

① 断面尺寸。

② 槽底有无扰动。

③ 边坡的稳定性。

图 1.3.36 沟槽开挖的质量检查

（2）管材的种类和附件检查。检查项目如下：

① 管材的种类：法兰盘式铸铁管、承插式铸铁管，如图 1.3.37 所示。

（a）

（b）

图 1.3.37 铸铁管

② 管道附件（图 1.3.38）。

管道附件主要检查阀门、止回阀、安全阀、排气阀、泄水阀、消火栓、水锤消除设备等。

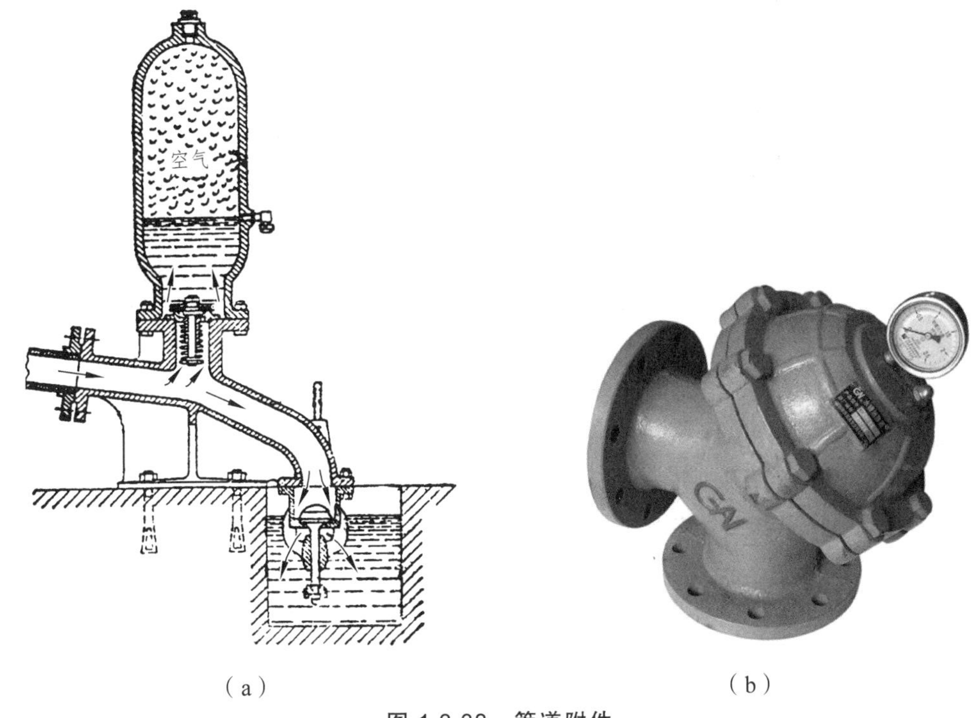

（a） （b）

图 1.3.38 管道附件

（3）管材质量检查。检查项目如下：

① 检查出厂合格证。

② 核对规格、型号、材质、压力等级。

③ 外观检查：平整，光洁，不得有裂纹，不得凸凹不平，承插口不得有粘砂和凸起。

④ 用小锤进行破裂检查。

⑤ 检查出厂日期。

（4）其他准备工作。

① 铸铁管的搬运（图 1.3.39）。

采用起吊设备和工具、轻装轻放、避免碰撞。

（a）吊装方式正确

（b）吊装方式不正确

（c）

（d）

图 1.3.39 铸铁管的搬运

② 铸铁管的堆放（图 1.3.40）。

堆放形式：金字塔形、四方形。

堆放高度（层数）（表 1.3.9）。

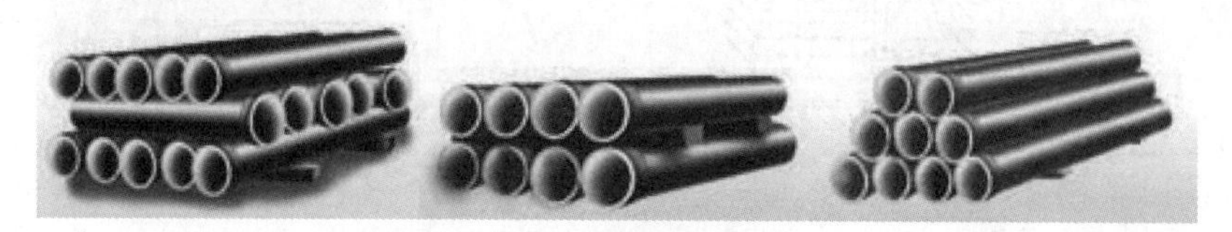

图 1.3.40 铸铁管的堆放

表 1.3.9 管节堆放层数与层高

管材种类	管径 D_o/mm							
	100～150	200～250	300～400	400～500	500～600	600～700	800～900	≥1400
自应力混凝土管	7层	5层	4层	3层				—
预应力混凝土管					4层	3层	2层	1层
钢管、球墨铸铁管	层高≤3 m							
预应力钢筒混凝土管						3层	2层	1层或立放
硬聚氯乙烯管、聚乙烯管	8层	5层	4层	4层	3层	3层		
玻璃钢管		7层	5层	4层		3层	2层	1层

注：D_o为管外径。

③ 烤掉承口内壁和插口外壁的沥青。

④ 挖接口工作坑（图 1.3.41）。

承口清理，特别是放橡胶圈的位置要清理干净

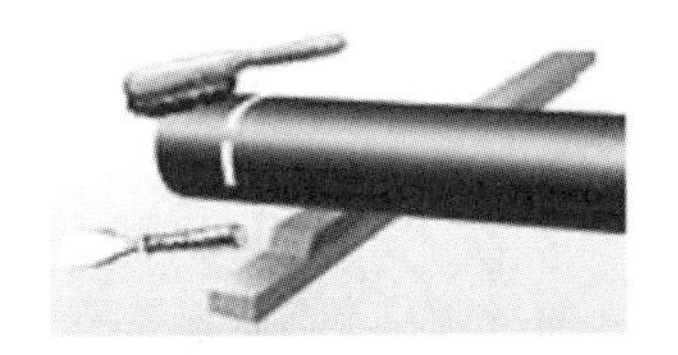

插口清理并涂润滑剂

（a）

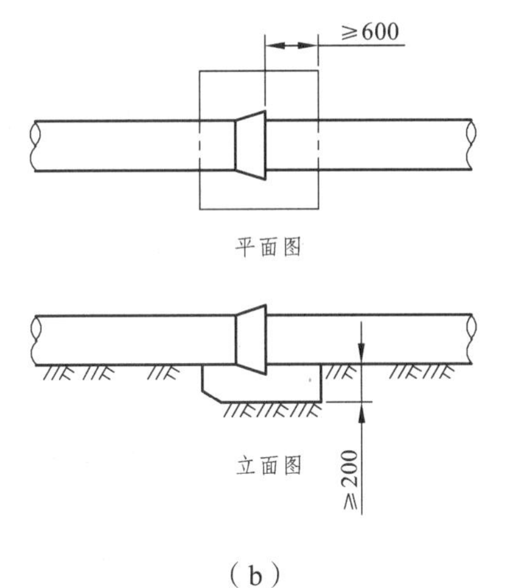

（b）

图 1.3.41　接口处理及工作坑

2）管道安装

安装顺序：排管→下管→稳管→管道接口。

（1）排管。

目的：① 预先安排管道的位置。

② 确定管道的实际用量。

③ 确定承插口方向。

④ 确定弯管位置和角度：管道自弯水平借距（借转）；管道自弯高度借距（借高）。

管道自弯借转：一般情况下，可采用 90°弯头，45°弯头，22°弯头进行管道转弯，如果弯曲角度小于 11°时（图 1.3.42），则可采用弯道自弯借转作业。

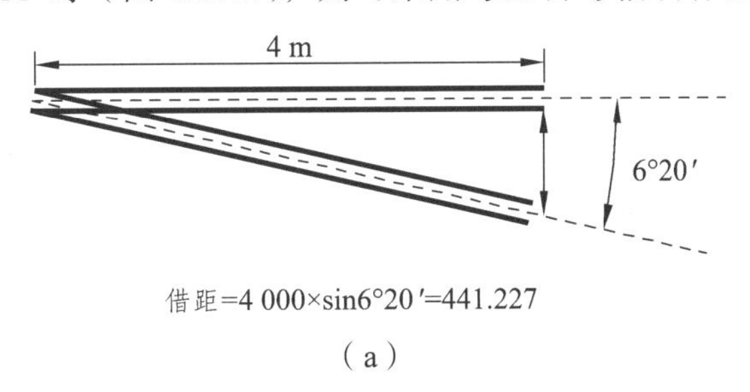

借距=4 000×sin6°20′=441.227

（a）

（b）

（c）

图 1.3.42　管道自弯借转

排管要求（图 1.3.43）：

① 管道距沟槽边≥0.5 m。

② 注意水流方向。

③ 应扣除井及其他构筑物占位。

④ 不具排管条件，可集中堆放。

图 1.3.43　排管

（2）下管。

目的：将管道从沟槽边放入沟槽底。

方法：人工下管、机械下管。

① 人工下管（图 1.3.44）。

适用：管径小、重量轻、沟槽浅、场地狭窄、不便机械施工。

方法：压绳下管法、吊链下管法、溜管法。

（a）　（b）

图 1.3.44　人工下管

② 机械下管法（图 1.3.45）。

适用：管径大、重量大、沟槽深、工作量大、便于机械施工。

常用机械：轮胎式起重机、履带式起重机、汽车式起重机。

（a）

（b）

图 1.3.45　机械下管

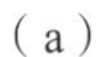

拓展问题

① 需掌握起重机保持距沟槽边≥1 m的安全距离。

② 一般采用单节下管。

③ 注意下管过程中的管道防护。

（3）稳管（图 1.3.46）。

目的：① 将管道按设计的水平位置和高程稳。

② 定在地基或基础上。

要求：平、直、稳、实。

借助工具：坡度板、中心钉、高度板、高程钉。

工作内容：对中（中心线法、边线法）、对高。

（a）

（b）

图 1.3.46　稳管

（4）管道接口（给水铸铁管）。

接口材料：嵌缝材料、密封材料。

接口形式：刚性接口、半柔半刚接口、柔性接口。

① 刚性接口。

A. 适用：灰口铸铁管。

B. 材料：油麻-石棉水泥、石棉绳-石棉水泥、油麻-膨胀水泥砂浆、油麻-铅。

C. 嵌缝材料填打。

a. 材料。

油麻：成品、自制（油麻、5%石油沥青、95%汽油）石棉绳；如图 1.3.47 所示。

（a）

（b）

图 1.3.47 油麻

b. 尺寸。

粗细：1.5 倍的缝宽。

长度：绕管+搭接长度（100 ~ 150 mm）。

c. 填麻圈数。

石棉水泥、膨胀水泥砂浆密封时：

管径≤400 mm，1 缕油麻，绕填 2 圈。

管径 500 ~ 800 mm，每圈 1 缕油麻，绕填 2 圈。

管径 > 800 mm，每圈 1 缕油麻，绕填 3 圈。

用铅密封时，在上面基础上再加绕 1 ~ 2 圈。

D. 填麻施工。

要保证环向间隙均匀，可使用錾子（图 1.3.48）。

使用打锤重量 1.5 kg。

油麻的填打程序和遍数：

第一圈：2 遍。

第二圈：2 遍。

第三圈：3 遍。

图 1.3.48　錾子

E. 检验填麻质量。

麻打不动、填麻深度允许偏差 ± 5 mm。

F. 密封材料填打。

a. 石棉水泥。

材料：成品、自制（30%石棉、70% 32.5 水泥）。

拌和：加水均匀、手抓成团不湿手。

准备：间隙清洁、湿润。

填打遍数和深度：

养护：浇水养护，1 ~ 2 昼夜。

其他：刷防腐层、不得碰撞。

b. 膨胀水泥砂浆。

材料：膨胀水泥：砂：水=1：1：0.3。

做法：分层填入、分层捣实；三填三捣；封口处凹进 1 ~ 2 mm，表面平整。

养护：湿草袋、洒水 3 h。

c. 铅。

熔铅：保证无水，熔铅温度适宜（紫红色，铁棍无熔铅附着为宜）。

模具准备：卡箍并防漏铅。

灌铅：一次灌入、不得断流，凝后脱模，切飞刺，用錾打平。

② 半柔半刚性接口（图 1.3.49）。

适用：灰口铸铁管、球墨铸铁管。

材料：橡胶圈-石棉水泥、橡胶圈-膨胀水泥砂浆。

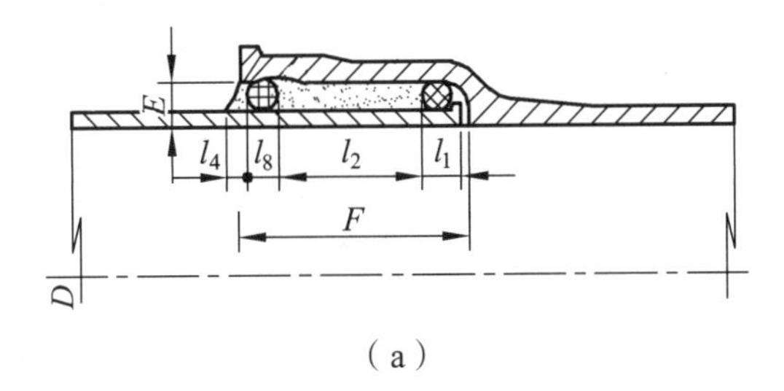

（a）

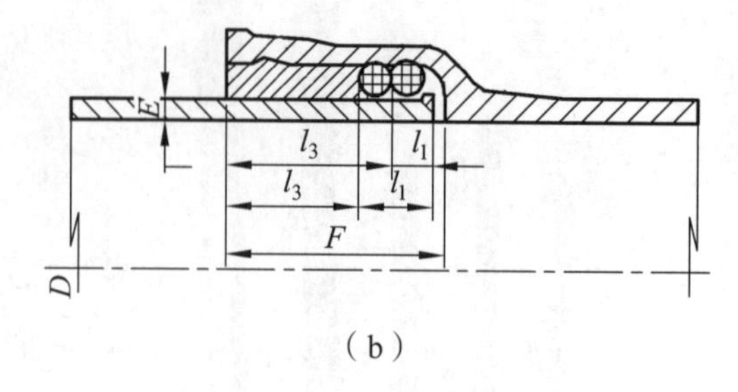

（b）

图 1.3.49　半柔半刚性接口

橡胶圈施工：胶圈内径=插口外径的 0.86 ~ 0.87 倍；如图 1.3.50 所示。

胶圈位置：插口上。

对口要求：胶圈紧贴承口、胶圈不能拧麻花。

填打：用錾子均匀打入，不断不裂。

（a）

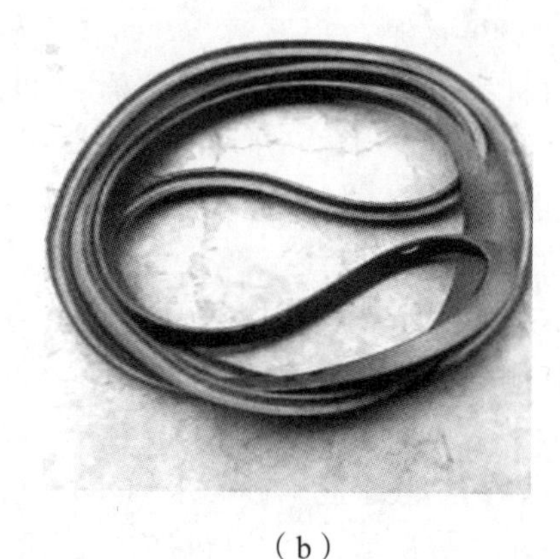

（b）

图 1.3.50　橡胶圈施工

③ 柔性接口（图 1.3.51）。

a. 适用：球墨铸铁管、松软地基、强震区。

b. 安装方法：推入式（滑入式）、机械式。

c. 推入式（滑入式）。

材料：楔形橡胶圈或其他形的橡胶圈、倒链、撬棍。

管口形式：承口内壁有斜形槽、插口端部有坡形。

d. 推入式（滑入式）施工顺序：胶圈定位→涂润滑剂→检查插口安装程度（安装线）→连接→承插口连接检查（深度）。

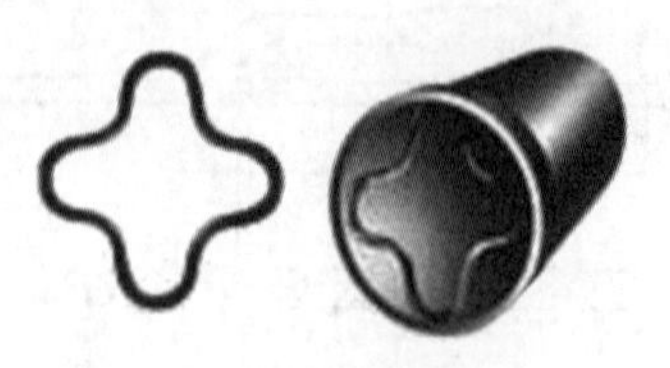

（a）放橡胶圈入承口

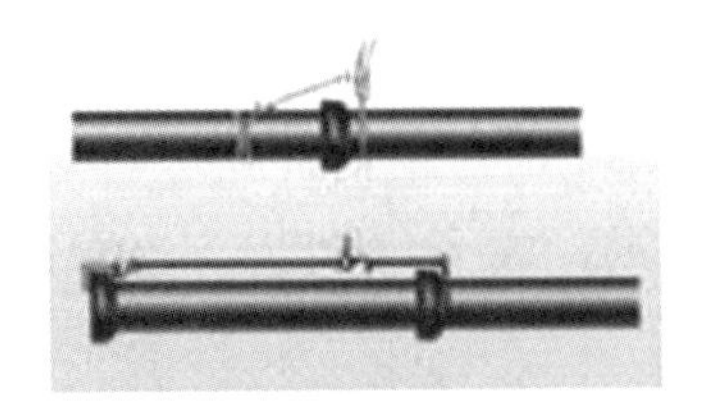

（b）连接管子

图 1.3.51　柔性接口

9. 铸铁管道安装质量检查

讨　论

给水铸铁管安装完成后，其质量检查的内容有哪些？如何进行检查？

1）外观检查

检查管道、接口、阀门、配件、伸缩器等的完好性和正确性（图 1.3.52）。

（a）

（b）

图 1.3.52　外观检查

2）断面检查

横断面：检查中心线。

纵断面：检查标高与纵坡。

3）管道的强度和严密性检查

管道的强度检查：水压试验。

管道的严密性检查：渗水量。

（1）一般规定。

试验的时间：压力管道安装完成后。

试验的阶段：预试验阶段、主试验阶段。

水压试验的管道长度：

一般条件：500 ~ 1 000 m。

管段多转弯：300 ~ 500 m。

湿陷性黄土地区：200 m。

管道通过河流、铁路等障碍物时应单独试压。

管材不同情况下应分别试验。

（2）准备工作。

① 支墩加固牢靠（图 1.3.53）。

② 管道应部分回填土。

③ 填土厚度≤0.5 m。

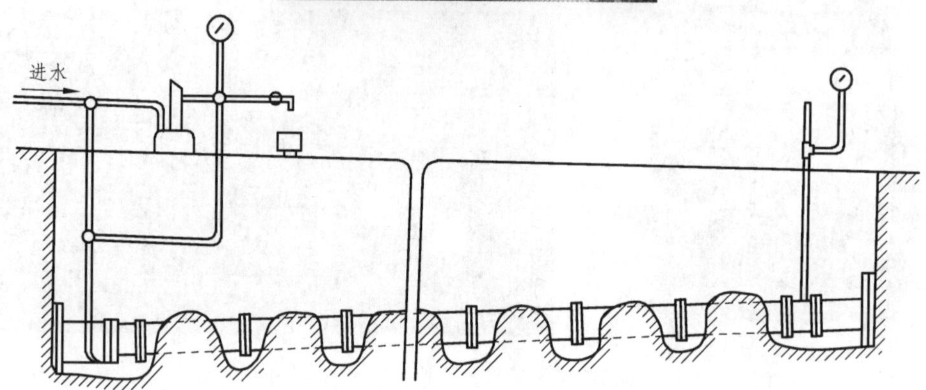

图 1.3.53 支墩加固

④ 管端敞口用管堵（盖堵）堵严（图 1.3.54）。

⑤ 不得用闸阀代替。

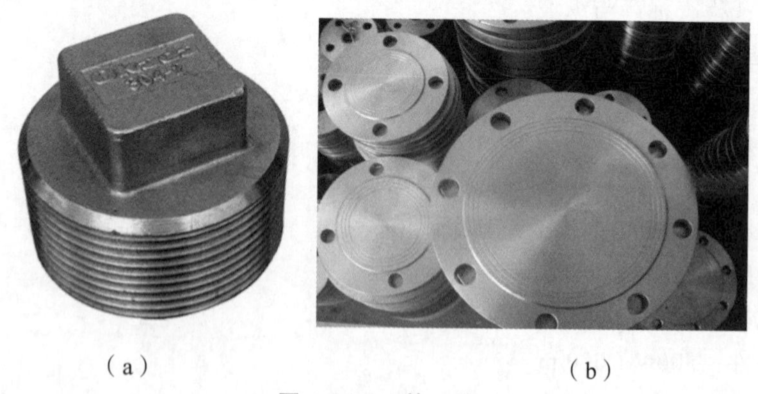

（a） （b）

图 1.3.54 管 堵

⑥ 试验段的后背：原状土后背、人工后背；如图 1.3.55 所示。

图 1.3.55 试验段后背

⑦ 试验前润管浸泡：铸铁管≥24 h。

⑧ 注水压力见表 1.3.10。

表 1.3.10 水压力

管材	工作压力	试验压力
铸铁管	$P<0.5$	$2P$
	$P\geqslant 0.5$	$P+0.5$

（3）试验做法。

① 预实验阶段。

a. 注水升压至试验压力并稳压 30 min。

b. 如降压则注水补压。

c. 检查有无漏水损坏。

d. 预实验阶段合格。

② 主实验阶段。

a. 停止注水补压，稳定 15 min。

b. 其后，如降压≤0.03 MPa，则降至工作压力。

c. 继续保持恒压 30 min。

d. 无漏水则水压试验合格。

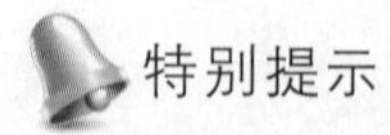

注意升压时，应排除管道气体；试验时，严禁两端站人，严禁修补缺陷。

③ 强度试验。

a. 注水加压至试验压力，稳压 10 min。

b. 其后，如降压≤0.05 MPa，则降至工作压力。

c. 继续保持恒压 2 h。

d. 无漏水则管道压力强度试验合格。

④ 严密性试验。

a. 升压至试验压力，记录压力降 0.1 MPa 的时间 T_1。

b. 加压恢复试验压力。

c. 记录放水后压力降 0.1 MPa 的时间 T_2 和水量 W。

d. 计算渗水量。

e. 检查是否符合规定。

4）保证管道出水水质

（1）方法：管道冲洗、管道消毒。

（2）管道冲洗（图 1.3.56）。

准备：冲洗水量、冲洗时间、排水路线。

① 打开阀门：先开出水阀、再开来水阀。

② 连续冲洗，出水澄清，化验合格为止。

③ 同时关闭出水阀与来水阀。

（a）

（b）

图 1.3.56 管道冲洗

（3）管道消毒（图 1.3.57）。

材料：漂白粉溶液。

① 注入消毒液，使流经全段。

② 关闭阀门，浸泡 24 h。

图 1.3.57　管道消毒

10. 沟槽土方回填（图 1.3.58）

（a）　（b）

（c）　（d）

图 1.3.58　土方回填

讨　论

（1）沟槽土方回填之前，都需要做哪些准备工作？

（2）沟槽土方回填的目的是什么？

① 保证管道的位置正常。

② 避免沟槽坍塌。

③ 早日恢复交通。

1）沟槽土方回填的准备

（1）沟槽内不得有积水。

（2）保持降排水系统正常运行。

（3）沟槽内杂物清除干净。

（4）压力管水压试验前，除接口外，管道两侧及管顶上回填不应小于 0.5 m。

2）回填土的准备

（1）采用土回填。

a. 槽底至管顶 0.5 m 内，土中不得含有机物、冻土及大于 50 mm 的砖石等硬块。

b. 接口处应采用细粒土回填。

c. 回填土的含水量：最佳含水量 ± 2%。

d. 冬期回填，管顶以上 0.5 m 范围以外可均匀参入冻土，参入量不得大于 15%，冻块尺寸不得大于 100 mm。

（2）采用石灰土、砂、砂砾回填，应符合设计要求。

3）回填机械的准备

（1）人工回填（图 1.3.59）。

工具：木夯、石夯、铁夯。

（a）

（b）

图 1.3.59　人工回填

（2）机械回填（图 1.3.60）。

工具：蛙式夯、火力夯（内燃打夯机）、履带式打夯机、压路机。

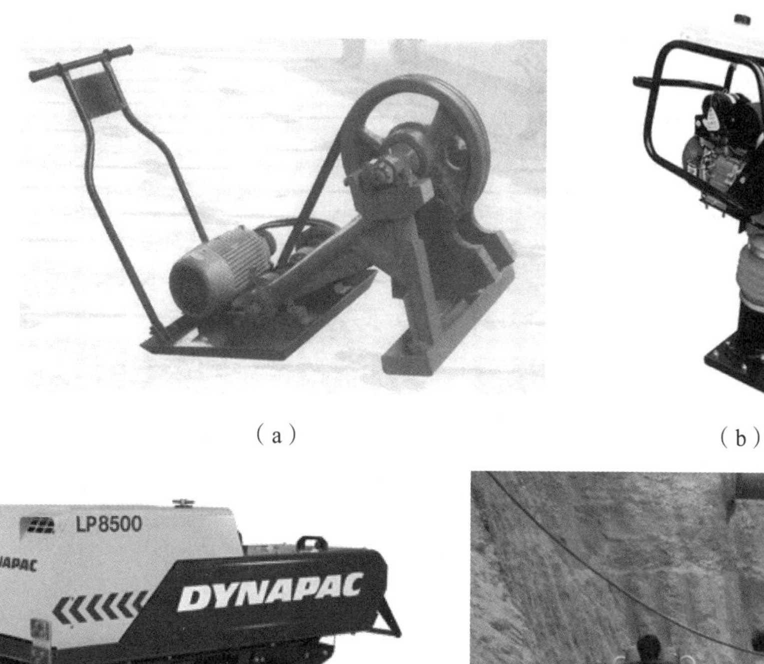

（a）　（b）

（c）　（d）

图 1.3.60　机械回填

4）回填现场试验段的准备

（1）试验段长度。

一个井段长度不小于 50 m。

（2）压实度。

刚性管道沟槽回填分为：沟槽在路基范围外、沟槽在路基范围内。

（3）分层回填土的虚铺厚度应满足要求。

（4）夯击遍数。

通过现场试验确定，试验段压实后，检查点数：每层每侧 1 组（3 个点）。

5）沟槽土方回填的施工方法（图 1.3.61）

回填的顺序：沟槽排水方向由高到低。

施工的流程：还土→摊平→夯实→检查。

图 1.3.61　土方回填的施工

（1）还土（返土）。

要求：

① 不得损伤管道和接口。

② 依据每层虚铺量运入，不得堆料。

③ 管道两侧及管顶 0.5 m 内，应对称运入。

④ 不得直接回填在管道上。

⑤ 不得集中推入。

⑥ 如需拌和，则拌和后在运入后槽。

⑦ 严禁槽壁取土回填。

（2）摊平（图 1.3.62）：人工摊平、接近水平。

（a）（b）（c）（d）（e）（f）

（g）

（h）

图 1.3.62　摊　平

（3）夯实（图 1.3.63）。

管道夯实要求：

① 管顶 0.5 m 以下和两侧，采用轻型压实机械。

② 管道两侧压实面的高差应≤0.3 m。

③ 当为土弧基础，管道两侧压实应对称进行。

④ 多排管道基底同一高程，回填应对称进行。

⑤ 多排管道基底不在同一高程，回填应先填低的，再同时进行回填。

⑥ 如分段回填压实，应留茬呈台阶形。

⑦ 轻型夯实机械：夯夯相连不漏夯。

⑧ 压路机：重叠宽度≥0.2 m；车速≤2 km/h。

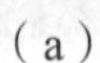

（a）

（b）

（a）

（b）

图 1.3.63　夯实

特别提示

井室夯实有什么要求?

① 应与管道回填同时进行，不便则应留茬。

② 压实应对称进行。

③ 压实材料应紧贴井壁。

④ 路面范围内井室四周，应采用石灰土、砂、砂砾回填，宽度≥0.4 m。

（4）检查。

① 主控项目（图 1.3.64）。

回填材料：每铺 1 000 m^2 取样一次（2 组）。

回填条件：沟槽不得带水。

管道变形率：铸铁管变形率≤2%，取出回填土重新回填，管道与接口有损伤应修复或更换。铸铁管变形率＞2%，应挖出管道，与设计单位研究。

压实度：每层 1 组（3 个点）。

（a）

（b）

图 1.3.64　主控项目

② 一般项目（图 1.3.65）。

一般项目包括高程、管道及附属物的损伤、沉降、位移。

图 1.3.65 一般项目

1.4 课后测试

1. 土壤的类别有哪些？
2. 不同土壤的性质是什么？
3. 掌握土方开挖机械的选择。
4. 掌握沟槽土方量的计算方法。

任务2　排水管道工程开槽施工

你将完成的任务

排水管道系统的体制；排水管道系统的组成；排水管道系统的布置；排水管材；排水管道构造；排水渠道构造；排水管网附属构筑物的构造；排水管道工程施工图识读；混凝土管道开槽施工准备；施工排水；管道基础施工；钢筋混凝土（混凝土）管道安装施工；钢筋混凝土（混凝土）管道安装质量检查；沟槽土方回填。

你将收获的知识与能力

（1）掌握市政排水管道工程的基本构造。

（2）掌握市政排水管道工程施工内业基本知识。

（3）掌握市政排水管道工程文明施工、安全施工的基本知识。

（4）能熟练识读排水管道工程施工图。

（5）能按照施工图，合理地选择管道施工方法，理解施工工艺。

（6）能进行钢筋混凝土管道开槽施工方案编制。

（7）具备钢筋混凝土（混凝土）管道开槽施工过程管理、内业资料、安全和材料管理的基本能力。

（8）能够胜任管道施工员的岗位工作。

学时要求

16学时。

2.1　任务准备

引导问题：铸铁管道工程开槽施工的流程有哪些？

（1）施工准备。

（2）沟槽开挖（降水/排水；放坡/支护）。

（3）基础施工（垫层施工）。

（4）管道铺设安装。

（5）管道安装质量检测。

（6）回填土。

2.2 课前测试

讨 论

什么叫排水制度？ 排水体制分为哪几种？

2.3 交互学习

2.3.1 排水管道系统的体制

城市污水是指城市中排放的各种污水和废水的统称，通常包括综合生活污水、工业废水和入渗地下水；在合流制排水系统中，还包括被截流的雨水。城市污水和雨水一般都由市政排水管道进行收集和输送，在一个地区内收集和输送城市污水和雨水的方式称为排水制度。它有合流制和分流制 2 种基本形式。

1. 合流制

合流制是指用同一管渠系统收集和输送城市污水和雨水的排水方式。根据污水汇集后处置方式的不同，可把合流制分为以下 3 种情况：

1）直排式合流制

如图 2.3.1 所示，管道系统的布置就近坡向水体，管道中混合的污水未经处理就直接排入水体，我国许多老城市的旧城区大多采用这种排水体制。这是因为以前工业上不发达，城市人口不多，生活污水和工业废水量不大，直接排入水体后对环境造成的污染还不明显。但随着城市和工业的发展，人们的生活水平不断提高，污水量不断增加且水质日趋复杂，造成的污染将日益严重。因此这种方式目前不宜采用。

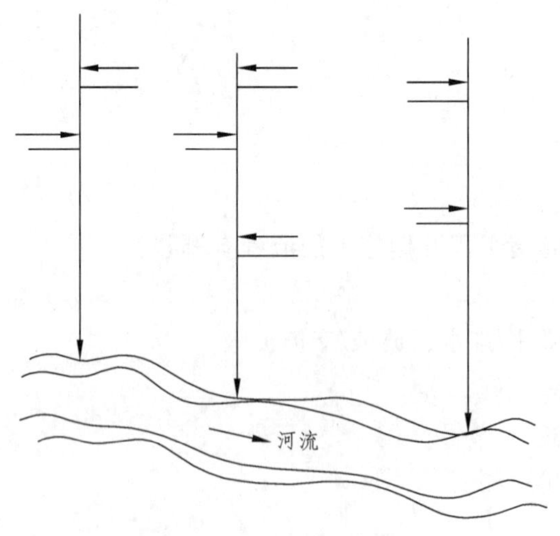

图 2.3.1 直排式合流制

2）截流式合流制

如图 2.3.2 所示，在沿河岸边铺设一条截流干管，同时在截流干管上设置溢流井，并在下游设置污水处理厂，它是直排式发展的结果。

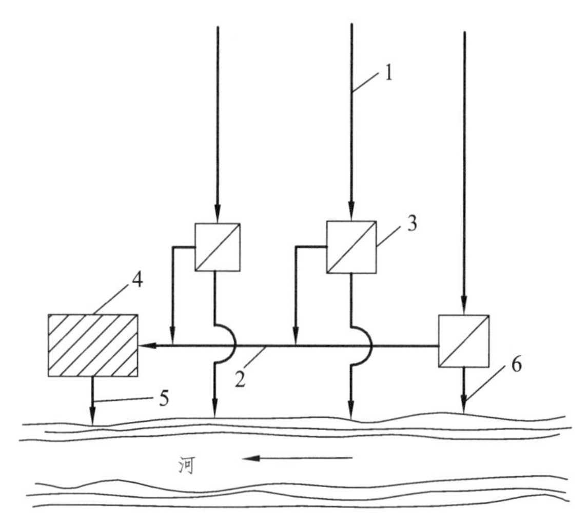

图 2.3.2　截流式合流制

1—合流干管；2—截流干管；3—溢流井；4—污水处理厂；5—出水口；6—溢流出水口

晴天时，管道中只输送旱流污水，并将其在污水处理厂中进行处理后再排放。雨天时降雨初期，旱流污水和初降雨水被输送到污水处理厂经处理后排放，随着降雨量的不断增大，生活污水、工业废水和雨水的混合液也在不断增加，当该混合液的流量超过截流干管的截流能力后，多余的混合液就经溢流井溢流排放。该溢流排放的混合污水同样会对受纳水体造成污染（有时污染更甚），因此只有在下述情况下才能考虑采用截流式合流制：

（1）排水区域内有一处或多处水源充沛的水体，其流量和流速都足够大，一定量的混合污水排入后对水体造成的污染危害程度在允许的范围内。

（2）街坊和街道建设比较完善，必须采用暗管（渠）排除雨水，而街道横断面又比较窄，管渠的设置受到限制。

（3）地面有一定的坡度倾向水体，当水体高水位时岸边不受淹没，污水在中途不需要泵汲。

3）完全合流制

将污水和雨水合流于一条管渠内，全部送往污水处理厂进行处理后再排放。此时，污水处理厂的设计负荷大，要容纳降雨的全部径流量，这就给污水处理厂的运行管理带来很大的困难，其水量和水质的经常变化也不利于污水的生物处理；同时，处理构筑物过大，平时也很难全部发挥作用，造成一定程度的浪费。

2. 分流制

指用不同管渠分别收集和输送各种城市污水和雨水的排水方式。排除综合生活污水和工业废水的管渠系统称为污水排水系统；排除雨水的管渠系统称为雨水排水系统。根据排除雨水方式的不同，分流制分为以下 2 种情况：

1）完全分流制

完全分流制是将城市的生活污水和工业废水用一条管道排除，而雨水用另一条管道来排除的排水方式，如图 2.3.3 所示。完全分流制中有一条完整的污水管道系统和一条完整的雨水管道系统。这样可将城市的综合生活污水和工业废水送至污水处理厂进行处理，克服了完全合流制的缺点，同时减小了污水管道的管径。但完全分流制的管道总长度大，且雨水管道只在雨季才发挥作用，因此完全分流制造价高，初期投资大。

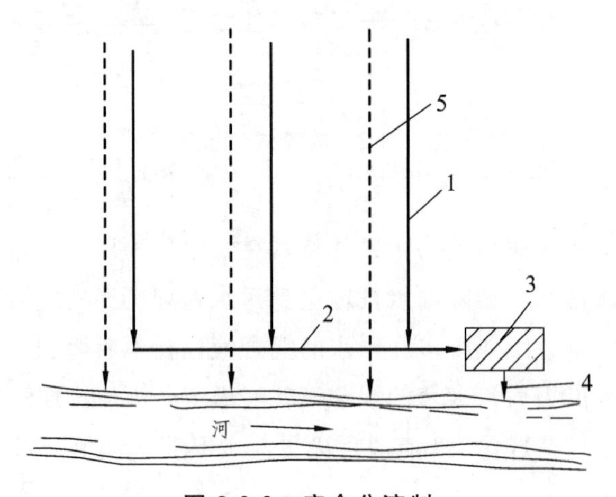

图 2.3.3 完全分流制

1—污水干管；2—污水主干管；3—污水处理厂；4—出水口；5—雨水干管

2）不完全分流制

受经济条件的限制，在城市中只建设完整的污水排水系统，不建雨水排水系统，雨水沿道路边沟排除，或为了补充原有渠道系统输水能力的不足而只建一部分雨水管道，待城市发展后再将其改造成完全分流制，如图 2.3.4 所示。

排水体制的选择，应根据城市和工业企业规划、当地降雨情况、排放标准、原有排水设施、污水处理和利用情况、地形和水体等条件，在满足环境保护要求的前提下，通过技术经济比较，综合考虑而定。一般情况下，新建的城市和城市的新建区宜采用分流制和不完全分流制；老城区的合流制宜改造成截流式合流制；在干旱和少雨地区也可采用完全合流制。

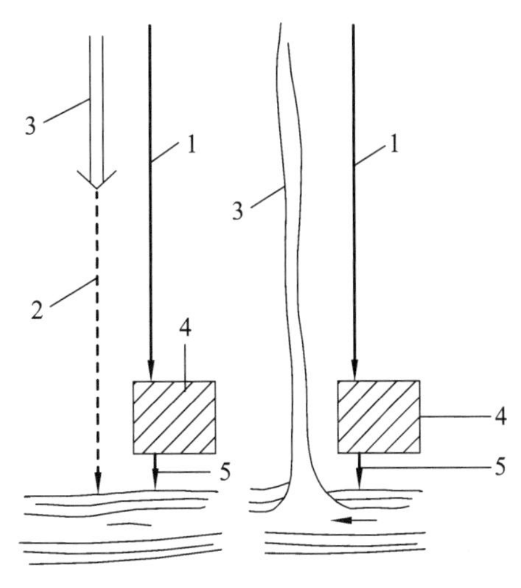

图 2.3.4　不完全分流制

1—污水管道；2—雨水管渠；3—原有渠道 4—污水处理厂；5—出水口

2.3.2　排水管道系统的组成

排水系统是指收集、输送、处理和利用污水和雨水的工程设施以一定的方式组合而成的总体。通常由排水管道系统和污水处理系统组成。

排水管道系统的作用是收集、输送污（废）水，由管渠、检查井、泵站等设施组成。在分流制排水系统中包括污水管道系统和雨水管道系统；在合流制排水系统中只有合流制管道系统。

污水管道系统是收集、输送综合生活污水和工业废水的管道及其附属构筑物；雨水管道系统是收集、输送、排放雨水的管道及其附属构筑物；合流制管道系统是收集、输送综合生活污水、工业废水和雨水的管道及其附属构筑物；污水处理系统的作用是对污水进行处理和利用，包括各种处理构筑物。

1. 污水管道系统的组成

城市污水管道系统包括小区污水管道系统和市政污水管道系统 2 部分。

小区污水管道系统主要是收集小区内各建筑物排除的污水，并将其输送到市政污水管道系统中。一般由接户管、小区支管、小区干管、小区主干管和检查井、泵站等附属构筑物组成，如图 2.3.5 所示。

接户管承接某一建筑物出户管排出的污水，并将其输送到小区支管；小区支管承接若干接户管的污水，并将其输送到小区干管；小区干管承接若干个小区支管的污水，并将其输送到小区主干管；小区主干管承接若干个小区干管的污水，并将其输送到市政污水管道系统中。市政污水管道系统主要承接城市内各小区的污水，并将其输送到污水处理系统，经处理后再排放利用。一般由支管、干管、主干管和检查井、泵站、出水口及事故排出口等附属构筑物组成，如图 2.3.6 所示。

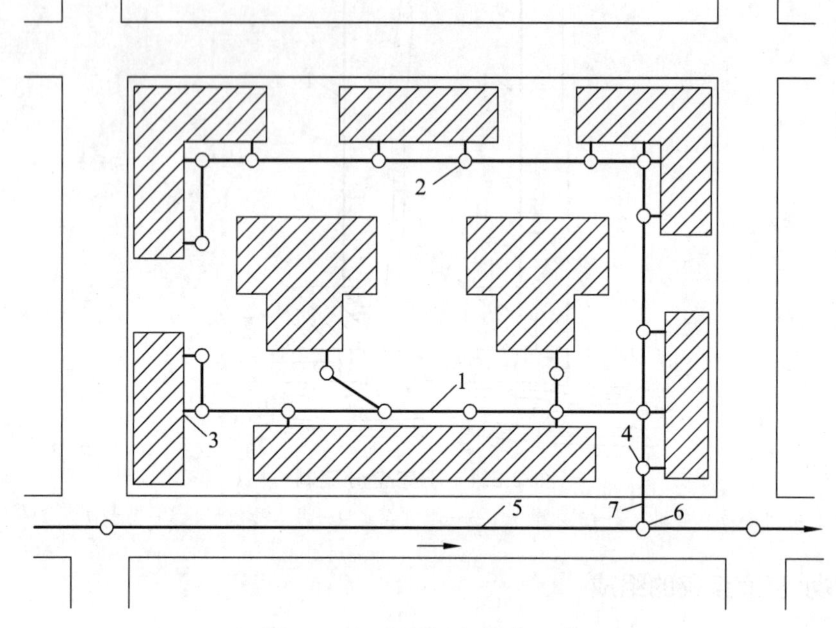

图 2.3.5　小区污水管道系统

1—小区污水管道；2—检查井；3—出户管；4—控制井；
5—市政污水管道；6—市政污水检查井；7—连接管

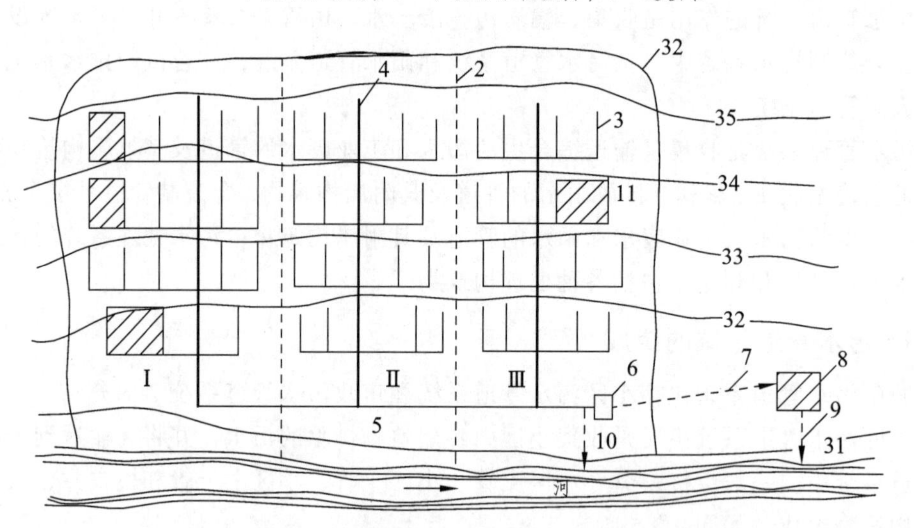

图 2.3.6　市政污水管道系统（Ⅰ、Ⅱ、Ⅲ—排水流域）

1—城市边界；2—排水流域分界线；3—支管；4—干管；5—主干管；6—总泵站；7—压力管道；
8—城市污水处理厂；9—出水口；10—事故排出口；11—工厂

支管承接若干小区主干管的污水，并将其输送到干管中；干管承接若干支管中的污水，并将其输送到主干管中；主干管承接若干干管中的污水，并将其输送到城市污水处理厂进行处理。

2. 雨水管道系统的组成

降落在屋面上的雨水由天沟和雨水斗收集，通过落水管输送到地面，与降落在地面上的雨水一起形成地表径流，然后通过雨水口收集流入小区的雨水管道系统，经过小区的雨水管道系统流入市政雨水管道系统，然后通过出水口排放。因此雨水管道系统包括小区雨水管道系统和市政雨水管道系统 2 部分，如图 2.3.7 所示。

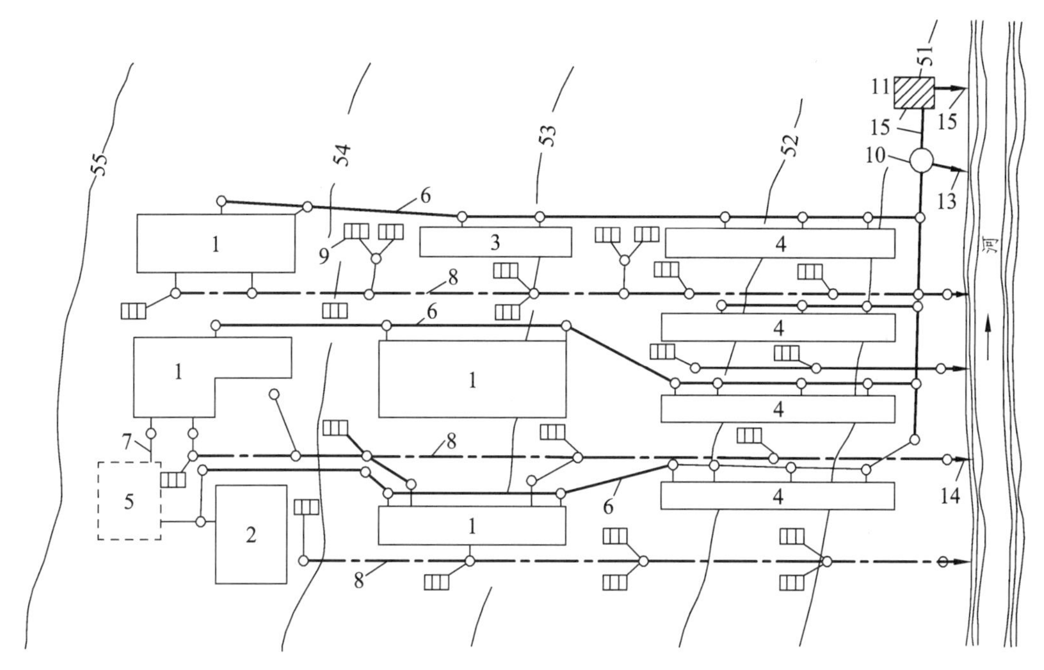

图 2.3.7　雨水管道系统

1、2、3、4、5—建筑物；6—生活污水管道；7—生产污水管道；8—生产废水与雨水管道；9—雨水口；10—污水泵站；11—废水处理站；12—出水口；13—事故排出口；14—雨水出水口；15—压力管道

小区雨水管道系统是收集、输送小区地表径流的管道及其附属构筑物，包括雨水口、小区雨水支管、小区雨水干管、雨水检查井等。

市政雨水管道系统是收集小区和城市道路路面上的地表径流的管道及其附属构筑物。包括雨水支管、雨水干管和雨水口、检查井、雨水泵站、出水口等附属构筑物。

雨水支管承接若干小区雨水干管中的雨水和所在道路的地表径流，并将其输送到雨水干管；雨水干管承接若干雨水支管中的雨水和所在道路的地表径流，并将其就近排放。

3. 合流制管道系统

合流管道系统是收集输送城市综合生活污水、工业废水和雨水的管道及其附属构筑物，包括小区合流管道系统和市政合流管道系统两部分，由污水管道系统和雨水口构成。雨水经雨水口进入合流管道，与污水混合后一同经市政合流支管、合流干管、截流主干管进入污水处理厂，或通过溢流井溢流排放。

2.3.3 排水管道系统的布置

1. 布置形式

在城市中，市政排水管道系统的平面布置，随着城市地形、城市规划、污水处理厂位置、河流位置及水流情况、污水种类和污染程度等因素而定。在这些影响因素中，地形是最关键的因素，按城市地形考虑可有以下 6 种布置形式，如图 2.3.8 所示。

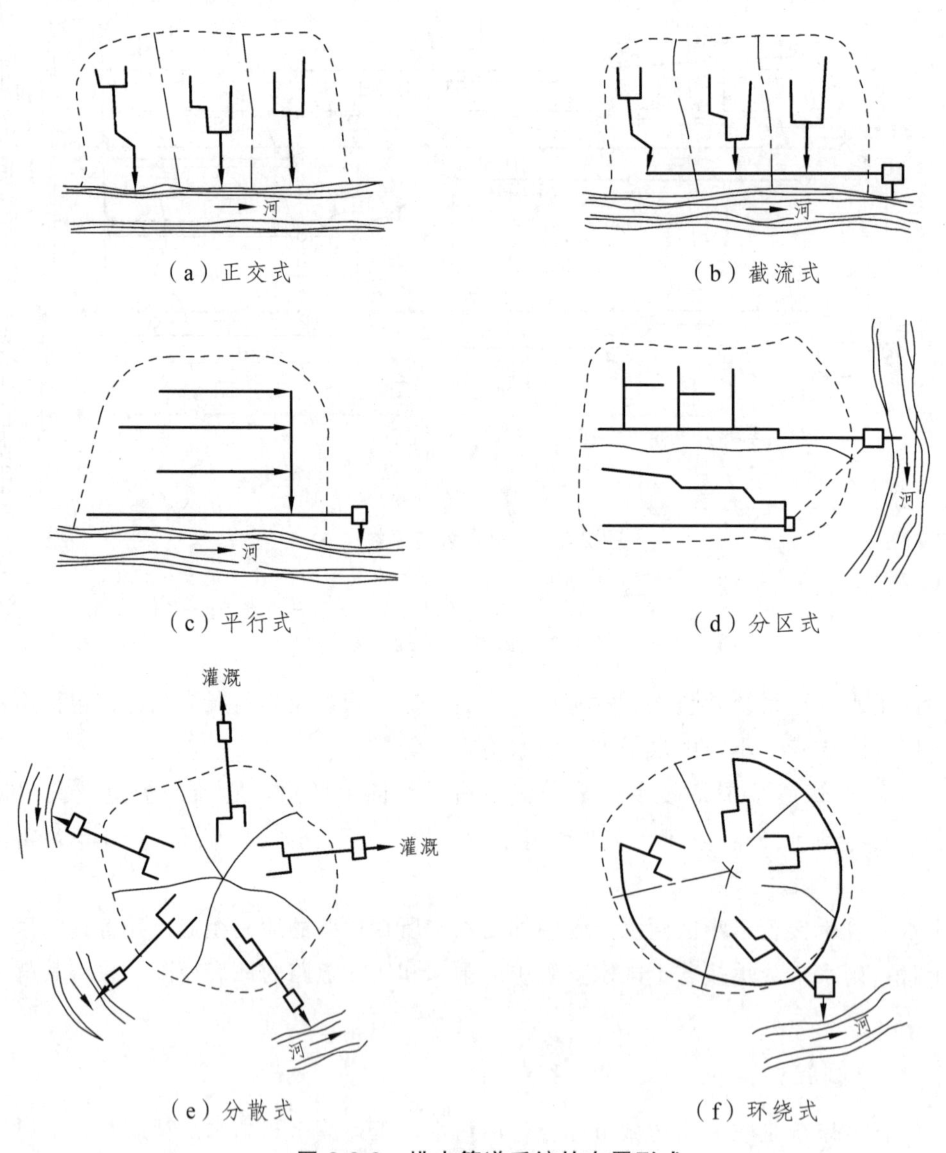

图 2.3.8 排水管道系统的布置形式

2. 布置原则和要求

排水管道系统布置时应遵循的原则是：尽可能在管线较短和埋深较小的情况下，让最大区域的污水能自流排出。管道布置时一般按主干管、干管、支管的顺序进行。其方法是首先确定污水处理厂或出水口的位置，然后再依次确定主干管、干管和支管的位置。

污水处理厂一般布置在城市夏季主导风向的下风向、城市水体的下游、并与城市或农村居民点至少有 500 m 以上的卫生防护距离。污水主干管一般布置在排水流域内较低的地带，沿集水线敷设，以便干管的污水能自流接入。污水干管一般沿城市的主要道路布置，通常敷设在污水量较大、地下管线较少一侧的道路下。污水支管一般布置在城市的次要道路下，当小区污水通过小区主干管集中排出时，应敷设在小区较低处的道路下；当小区面积较大且地形平坦时，应敷设在小区四周的道路下。

雨水管道应尽量利用自然地形坡度，以最短的距离靠重力流将雨水排入附近的水体中。当地形坡度大时，雨水干管宜布置在地形低处的主要道路下；当地形平坦时，雨水干管宜布置在排水流域中间的主要道路下。雨水支管一般沿城市的次要道路敷设。

排水管道应尽量布置在人行道、绿化带或慢车道下。当道路红线宽度大于 50 m 时，应双侧布置，这样可减少过街管道，便于施工和养护管理。

为了保证排水管道在敷设和检修时互不影响、管道损坏时不影响附近建（构）筑物、不污染生活饮用水，排水管道与其他管线和建（构）筑物间应有一定的水平距离和垂直距离，其最小净距见表 2.3.1。

表 2.3.1　排水管道与其他管线和建（构）筑物最小净距

<table>
<tr><th colspan="3">名称</th><th>水平净距</th><th>垂直净距</th></tr>
<tr><td colspan="3">建筑物</td><td>见注 3</td><td></td></tr>
<tr><td rowspan="2">给水管</td><td colspan="2">$d \leq 200$ mm</td><td>1.0</td><td rowspan="2">0.4</td></tr>
<tr><td colspan="2">$d>200$ mm</td><td>1.5</td></tr>
<tr><td colspan="3">排水管</td><td></td><td>0.15</td></tr>
<tr><td colspan="3">再生水管</td><td>0.5</td><td>0.4</td></tr>
<tr><td rowspan="4">燃气管</td><td>低压</td><td>$P \leq 0.05$ MPa</td><td>1.0</td><td>0.15</td></tr>
<tr><td>中压</td><td>0.05 MPa$<P\leq$0.4 MPa</td><td>1.2</td><td>0.15</td></tr>
<tr><td rowspan="2">高压</td><td>0.4 MPa$<P\leq$0.8 MPa</td><td>1.5</td><td>0.15</td></tr>
<tr><td>0.8 MPa$<P\leq$1.6 MPa</td><td>2.0</td><td>0.15</td></tr>
<tr><td colspan="3">热力管线</td><td>1.5</td><td>0.15</td></tr>
<tr><td colspan="3">电力管线</td><td>0.5</td><td>0.5</td></tr>
<tr><td colspan="3" rowspan="2">电信管线</td><td rowspan="2">1.0</td><td>直埋 0.5</td></tr>
<tr><td>管块 0.15</td></tr>
<tr><td colspan="3">乔木</td><td>1.5</td><td></td></tr>
</table>

续表 2.3.1

名称		水平净距	垂直净距
地上柱杆	通信照明电压<10 kV	0.5	
	高压铁塔基础边	1.5	
道路侧石边缘		1.5	
铁路钢轨（或坡脚）		5.0	轨底 1.2
电车（轨底）		2.0	1.0
架空管架基础		2.0	
油管		1.5	0.25
压缩空气管		1.5	0.15
氧气管		1.5	0.25
乙炔管		1.5	0.25
电车电缆			0.5
明渠渠底			0.5
涵洞基础底			0.15

注：①表列数字除注明者外，水平净距均指外壁净距，垂直净距指下面管道的外顶与上面管道基础底间的净距。

②采取充分措施（如结构措施）后，表列数字可以减小。

③与建筑物水平净距：管道埋深浅于建筑物基础时，一般不小于 2.5 m；管道埋深深于建筑物基础时，按计算确定，但不小于 3.0 m。

2.3.4 排水管材

1. 对排水管材的要求

（1）必须具有足够的强度，以承受外部的荷载和内部的水压，并保证在运输和施工过程中不致破裂。

（2）应具有抵抗污水中杂质的冲刷磨损和抗腐蚀的能力。

（3）必须密闭不透水，以防止污水渗出和地下水渗入。

（4）内壁应平整光滑，以尽量减小水流阻力。

（5）应就地取材，以降低施工费用。

2. 常用排水管材

1）混凝土管和钢筋混凝土管

混凝土管和钢筋混凝土管适用于排除雨水和污水，分混凝土管、轻型钢筋混凝土管和重型钢筋混凝土管 3 种，管口有承插式、平口式和企口式 3 种形式，如图 2.3.9 所示。

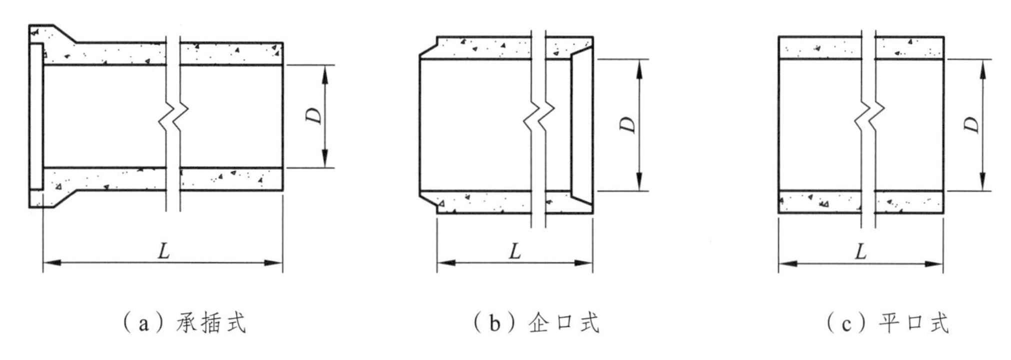

图 2.3.9　混凝土管和钢筋混凝土管

混凝土管的管径一般小于 450 mm，长度多为 1 m，一般在工厂预制，也可现场浇制。当管道埋深较大或敷设在土质不良地段，以及穿越铁路、城市道路、河流、谷地时，通常采用钢筋混凝土管。钢筋混凝土管按照承受的荷载要求分轻型钢筋混凝土管和重型钢筋混凝土管 2 种。混凝土管和钢筋混凝土管便于就地取材，制造方便，在排水管道工程中得到了广泛应用。其主要缺点是抵抗酸、碱侵蚀及抗渗性能差；管节短、接头多、施工麻烦；自重大、搬运不便。

2）陶土管

陶土管由塑性黏土制成，为了防止在焙烧过程中产生裂缝，通常加入一定比例的耐火黏土和石英砂，经过研细、调和、制坯、烘干、焙烧等过程制成。根据需要可制成无釉、单面釉和双面釉的陶土管。若加入耐酸黏土和耐酸填充物，还可制成特种耐酸陶土管。陶土管一般为圆形断面，有承插口和平口 2 种形式，如图 2.3.10 所示。

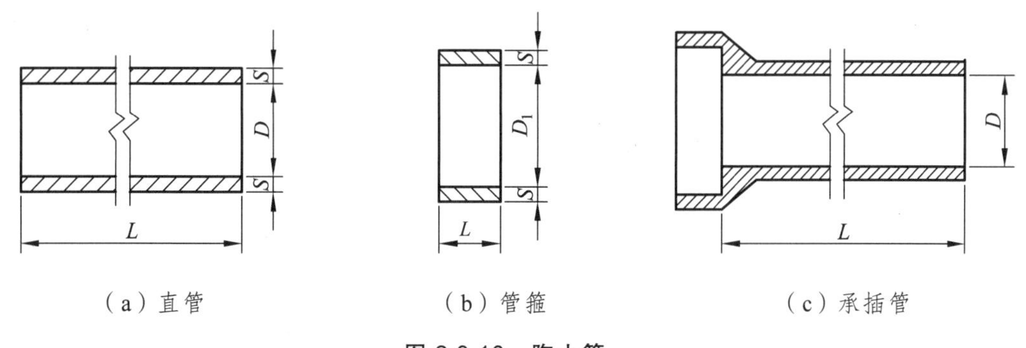

图 2.3.10　陶土管

普通陶土管的最大公称直径为 300 mm，有效长度为 800 mm，适用于小区室外排水管道。耐酸陶土管的最大公称直径为 800 mm，一般在 400 mm 以内，管节长度有 300 mm、500 mm、700 mm、1 000 mm 几种，适用于排除酸性工业废水。

带釉的陶土管管壁光滑，水流阻力小，密闭性好，耐磨损，抗腐蚀。

陶土管质脆易碎，不宜远运；抗弯、抗压、抗拉强度低；不宜敷设在松软土中或埋深较大的地段。此外，管节短、接头多、施工麻烦。

3）金属管

金属管质地坚固，强度高，抗渗性能好，管壁光滑，水流阻力小，管节长，接口少，施工运输方便。但价格昂贵，抗腐蚀性差，因此，在市政排水管道工程中很少用。只有在地震烈度大于 8 度或地下水位高，流沙严重的地区；或承受高内压、高外压及对渗漏要求特别高的地段才采用金属管。

常用的金属管有铸铁管和钢管。排水铸铁管耐腐蚀性好，经久耐用；但质地较脆，不耐振动和弯折，自重较大。钢管耐高压、耐振动、重量比铸铁管轻，但抗腐蚀性差。

4）排水渠道

在很多城市，除采用上述排水管道外，还采用排水渠道。排水渠道一般有砖砌、石砌、钢筋混凝土渠道，断面形式有圆形、矩形、半椭圆形等，如图 2.3.11 所示。

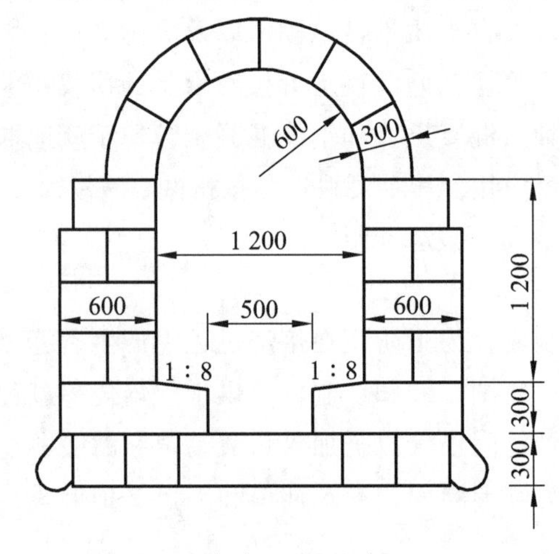

（a）石砌渠道

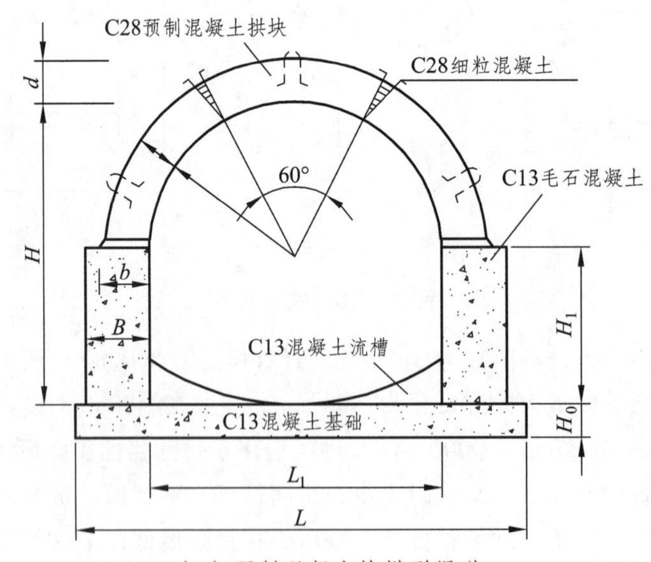

（b）预制混凝土块拱形渠道

图 2.3.11 排水渠道

砖砌渠道应用普遍，在石料丰富的地区，可采用毛石或料石砌筑，也可用预制混凝土砌块砌筑，对大型排水渠道，可采用钢筋混凝土现场浇筑。

5）新型管材

随着新型建筑材料的不断研制，用于制作排水管道的材料也日益增多，新型排水管材不断涌现，如英国生产的玻璃纤维筋混凝土管和热固性树脂管；日本生产的离心混凝土管，其性能均优于普通的混凝土管和钢筋混凝土管。在国内，口径在 500 mm 以下的排水管道正日益被 UPVC 加筋管代替，口径在 1 000 mm 以下的排水管道正日益被 PVC 管代替，口径在 900 ~ 2 600 mm 的排水管道正在推广使用塑料螺旋管（HDPE 管），口径在 300 ~ 1 400 mm 的排水管道正在推广使用玻璃纤维缠绕增强热固性树脂夹砂压力管（玻璃钢夹砂管）。但新型排水管材价格昂贵，使用受到了一定程度的限制，如图 2.3.12 所示。

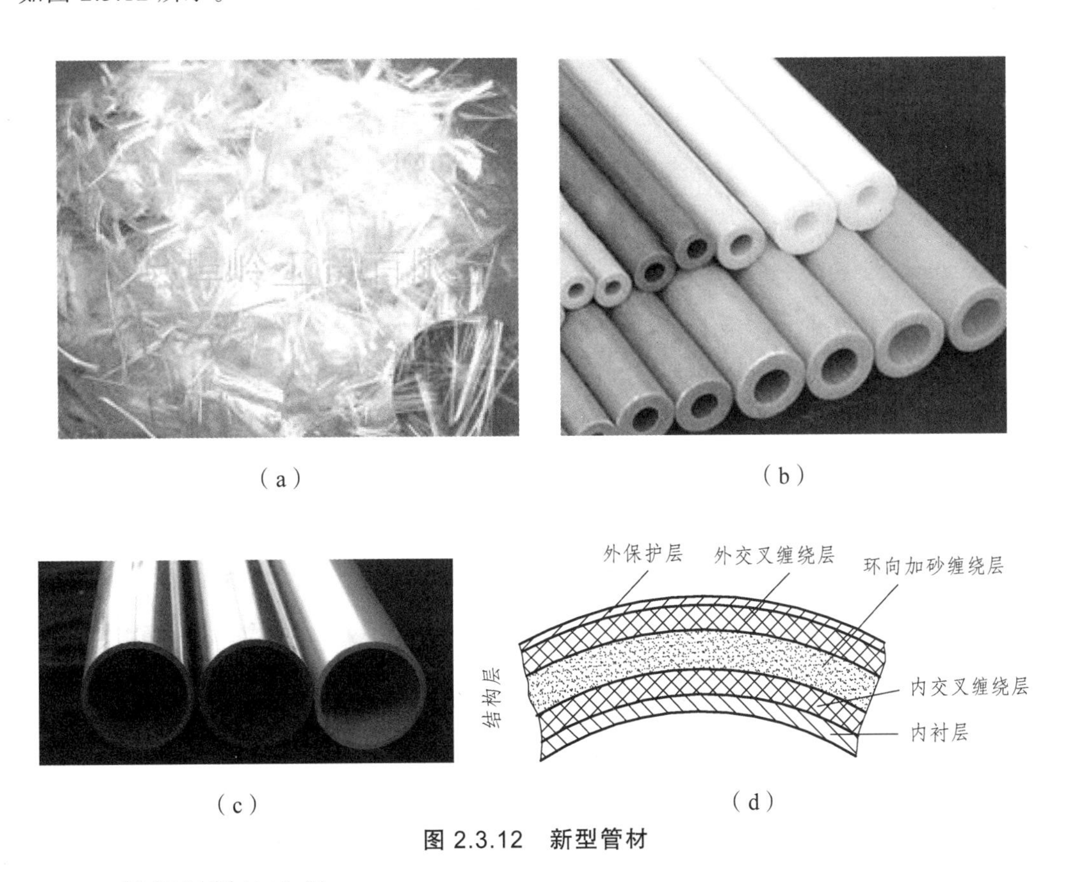

（a）（b）（c）（d）

图 2.3.12 新型管材

3. 管渠材料的选择

选择排水管渠材料时，应在满足技术要求的前提下，尽可能就地取材，采用当地易于自制、便于供应和运输方便的材料，以使运输和施工费用降至最低。

根据排除的污水性质，一般情况下，当排除生活污水及中性或弱碱性（pH = 8 ~

11）的工业废水时，上述各种管材都能使用。排除碱性（pH>11）的工业废水时可用砖渠，或在钢筋混凝土渠内做塑料衬砌。排除弱酸性（pH = 5 ~ 6）的工业废水时可用陶土管或砖渠。排除强酸性（pH<5）的工业废水时可用耐酸陶土管、耐酸水泥砌筑的砖渠或用塑料衬砌的钢筋混凝土渠。

根据管道受压、埋设地点及土质条件，压力管段一般采用金属管、玻璃钢夹砂管、钢筋混凝土管或预应力钢筋混凝土管。在地震区、施工条件较差的地区、以及穿越铁路、城市道路等，可采用金属管。一般情况下，市政排水管道经常采用混凝土管、钢筋混凝土管。

2.3.5 排水管道构造

排水管道为重力流，由上游至下游管道坡度逐渐增大，一般情况下管道埋深也会逐渐增加，在施工时除保证管材及其接口强度满足要求外，还应保证在使用中不致因地面荷载引起损坏。由于排水管道的管径大，重量大，埋深大，这就要求排水管道的基础要牢固可靠，以免出现地基的不均匀沉陷，使管道的接口或管道本身损坏，造成漏水现象。因此，排水管道的构造一般包括基础、管道、覆土 3 部分。

1. 基　础

排水管道的基础包括地基、基础和管座 3 部分，如图 2.3.13 所示。地基是沟槽底的土壤，它承受管道和基础的重量、管内水重、管上土压力和地面上的荷载。基础是地基与管道之间的设施，当地基的承载力不足以承受上面的压力时，要靠基础增加地基的受力面积，把压力均匀地传给地基。管座是管道底侧与基础顶面之间的部分，使管道与基础连成一个整体，以增加管道的刚度和稳定性。

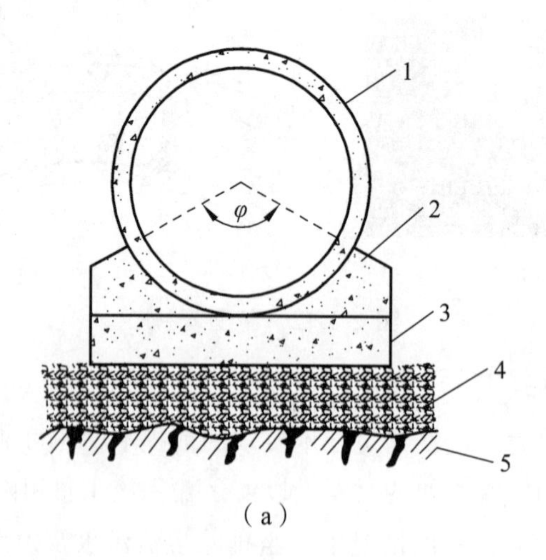

（a）

（b）

（c）

图 2.3.13　排水管道基础

1—管道；2—管座；3—基础；4—垫层；5—地基

一般情况下，排水管道有 3 种基础：

1）砂土基础

砂土基础又叫素土基础，包括弧形素土基础和砂垫层基础 2 种，如图 2.3.14 所示。

弧形素土基础是在沟槽原土上挖一弧形管槽，管道敷设在弧形管槽里。这种基础适用于无地下水，原土能挖成弧形（通常采用 90°弧）的干燥土壤；管道直径小于 600 mm 的混凝土管和钢筋混凝土管；管道覆土厚度在 0.7 ~ 2.0 m 的小区污水管道、非车行道下的市政次要管道和临时性管道。

砂垫层基础是在挖好的弧形管槽里，填 100 ~ 150 mm 厚的粗砂作为垫层。这种基础适用于无地下水的岩石或多石土壤；管道直径小于 600 mm 的混凝土管和钢筋混凝土管；管道覆土厚度在 0.7 ~ 2.0 m 的小区污水管道、非车行道下的市政次要管道和临时性管道。

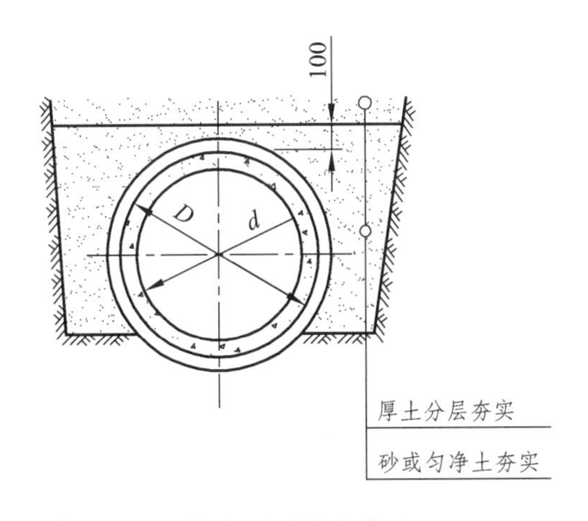

（a）弧形素土基础

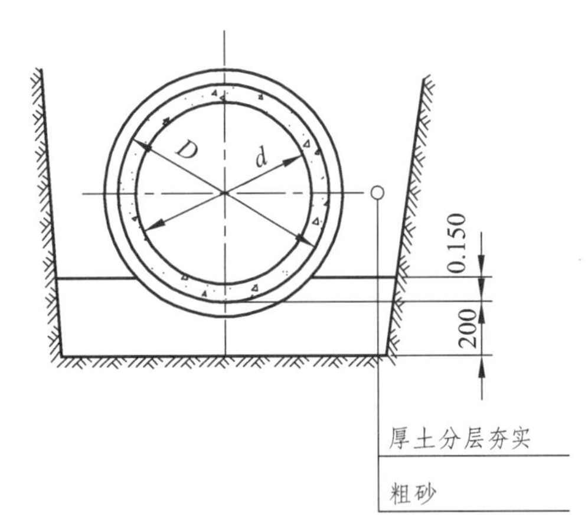

（b）砂垫层基础

图 2.3.14　砂土基础

2）混凝土枕基

混凝土枕基是只在管道接口处才设置的管道局部基础，如图 2.3.15 所示。通常在管道接口下用 C10 混凝土做成枕状垫块，垫块常采用 90°或 135°管座。这种基础适用于干燥土壤中的雨水管道。

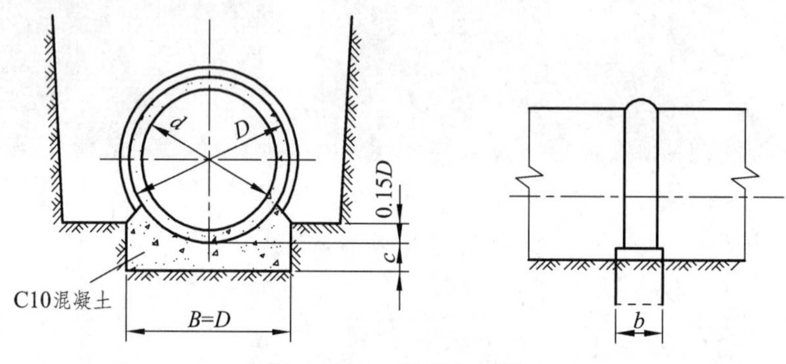

图 2.3.15　混凝土枕基

3）混凝土带形基础

混凝土带形基础是沿管道全长铺设的基础，分为 90°、135°、180°三种管座形式，如图 2.3.16 所示。

混凝土带形基础适用于各种潮湿土壤及地基软硬不均匀的排水管道，管径为 200 ~ 2 000 mm。无地下水时常在槽底原土上直接浇筑混凝土；有地下水时在槽底铺 100 ~ 150 mm 厚的卵石或碎石垫层，然后在上面再浇筑混凝土，根据地基承载力的实际情况，可采用强度等级不低于 C10 的混凝土。当管道覆土厚度在 0.7 ~ 2.5 m 时采用 90°管座，覆土厚度在 2.6 ~ 4.0 m 时采用 135°管座，覆土厚度在 4.1 ~ 6.0 m 时采用 180°管座。

在地震区或土质特别松软和不均匀沉陷严重的地段，最好采用钢筋混凝土带形基础。

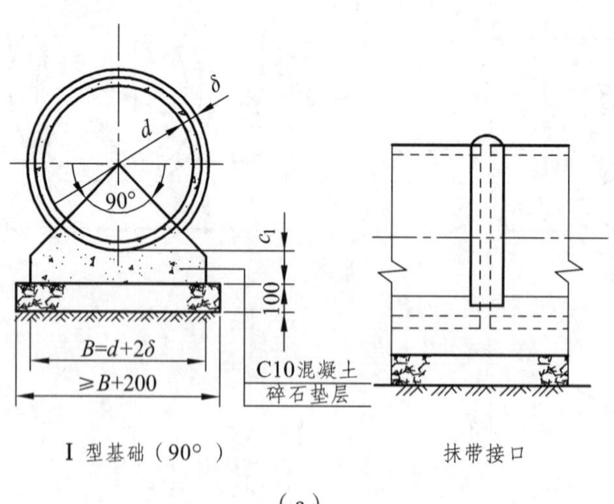

（a）

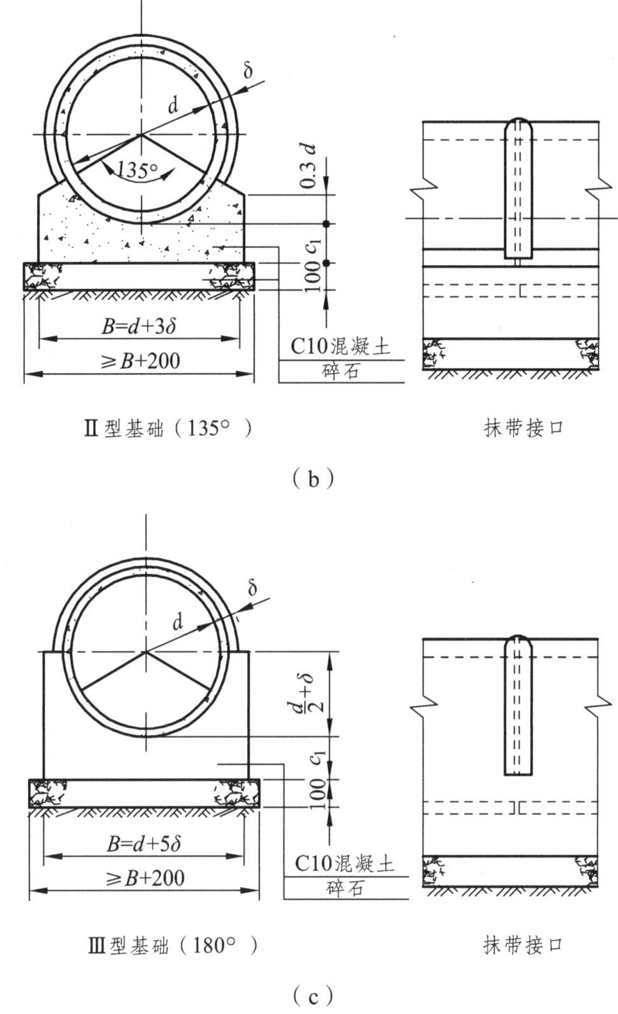

图 2.3.16　混凝土带形基础

2. 管　道

管道是指采用设计要求的管材，常用的排水管材前已述及。

3. 覆　土

排水管道埋设在地面以下，其管顶以上应有一定厚度的覆土，以保证管道内的水在冬季不会因冰冻而结冰；在正常使用时管道不会因各种地面荷载作用而损坏；同时要满足管道衔接的要求，保证上游管道中的污水能够顺利排除。排水管道的覆土厚度与给水管道覆土厚度的意义相同。

在非冰冻地区，管道覆土厚度的大小主要取决于地面荷载、管材强度、管道衔接情况以及敷设位置等因素，以保证管道不受破坏为主要目的。一般情况下排水管道的最小覆土厚度在车行道下为 0.7 m，在人行道下为 0.6 m。

在冰冻地区，除考虑上述因素外，还要考虑土壤的冰冻深度。一般污水管道内污水的温度不低于 4 °C，污水以一定的流量和流速不断流动。因此，污水在管道内是不会冰冻的，管道周围的土壤也不会冰冻，管道不必全部埋设在土壤冰冻线以下。但如果将管道全部埋设在冰冻线以上，则可能会因土壤冰冻膨胀损坏管道基础，进而损坏管道。一般在土壤冰冻深度不太大的地区，可将管道全部埋设在冰冻线以下；在土壤冰冻深度很大的地区，无保温措施的生活污水管道或水温与生活污水接近的工业废水管道，管底可埋设在冰冻线以上 0.15 m；有保温措施或水温较高的管道，管底在冰冻线以上的距离可以加大，其数值应根据该地区或条件相似地区的经验确定，但要保证管道的覆土厚度不小于 0.7 m。

2.3.6 排水渠道构造

排水渠道的构造一般包括渠顶、渠底和渠身。渠道的上部叫渠顶，下部叫渠底，两壁叫渠身。通常将渠底和基础做在一起，渠顶做成拱形，渠底和渠身扁光、勾缝，以使水力性能良好。

2.3.7 排水管网附属构筑物的构造

1. 检查井

在排水管渠系统上，为便于管渠的衔接以及对管渠进行定期检查和清通，必须设置检查井。检查井通常设在管渠交汇、转弯、管渠尺寸或坡度改变、跌水等处以及相隔一定距离的直线管渠段上。检查井在直线管渠段上的最大间距，一般按表 2.3.2 采用。

表 2.3.2 检查井的最大间距

管径或暗渠净高	最大间距/m	
	污水管渠	雨水（合流）管渠
200 ~ 400	40	50
500 ~ 700	60	70
800 ~ 1000	80	90
1100 ~ 1500	100	120
1600 ~ 2000	120	120

根据检查井的平面形状，可将其分为圆形、方形、矩形或其他不同的形状。方形和矩形检查井用在大直径管道上，一般情况下均采用圆形检查井。检查井由井底（包括基础）、井身和井盖（包括盖座）3 部分组成，如图 2.3.17 所示。

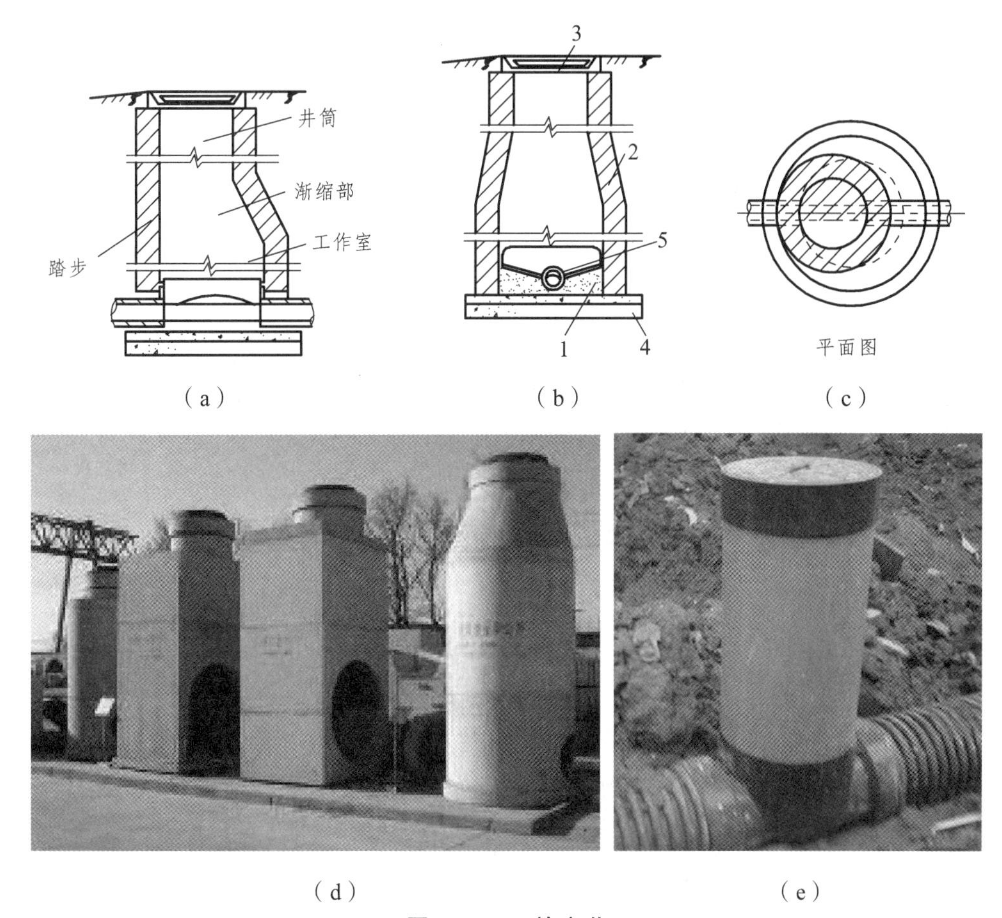

图 2.3.17　检查井

1—井底；2—井身；3—井盖及盖座；4—井基；5—沟肩

井底一般采用低标号的混凝土，基础采用碎石、卵石、碎砖夯实或低标号混凝土。为使水流通过检查井时阻力较小，井底宜设半圆形或弧形流槽，流槽直壁向上升展。污水管道的检查井流槽顶与上、下游管道的管顶相平，或与 0.85 倍大管管径处相平；雨水管渠和合流管渠的检查井流槽顶可与 0.5 倍大管管径处相平。流槽两侧至检查井井壁间的底板（称为沟肩）应有一定宽度，一般不小于 200 mm，以便养护人员下井时立足，并应有 2%～5%的坡度坡向流槽，以防检查井积水时淤泥沉积。在管渠转弯或几条管渠交汇处，为使水流畅通，流槽中心线的弯曲半径应按转角大小和管径大小确定，但不得小于大管的管径。检查井井底各种流槽的平面形式如图 2.3.18 所示。

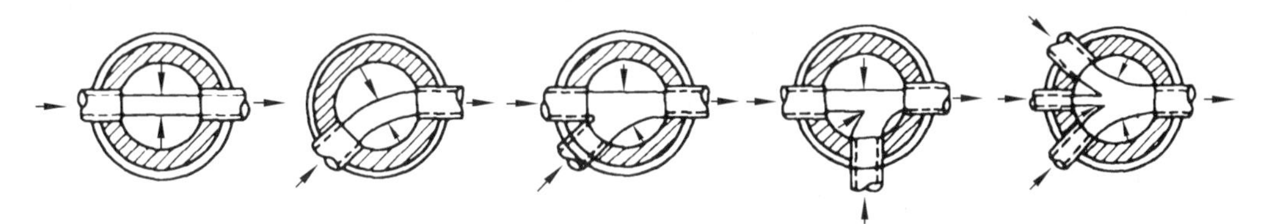

图 2.3.18　检查井井底流槽形式

检查井工作室是养护人员下井进行临时操作的地方，不能过分狭小，其直径不能小于 1 m，其高度在埋深允许时一般采用 1.8 m。为降低检查井的造价，缩小井盖尺寸，井筒直径一般比工作室小，但为了工人检修时出入方便，其直径不应小于 0.7 m。井筒与工作室之间用锥形渐缩部连接，渐缩部的高度一般为 0.6 ~ 0.8 m，也可在工作室顶偏向出水管渠一侧加钢筋混凝土盖板梁，井筒则砌筑在盖板梁上。为便于养护人员上下，井身在偏向进水管渠的一边应保持一壁直立。

井盖可采用铸铁、钢筋混凝土、新型复合材料或其他材料，为防止雨水流入，盖顶应略高出地面。盖座采用与井盖相同的材料。井盖和盖座均为厂家预制，施工前购买即可，其形式如图 2.3.19 所示。

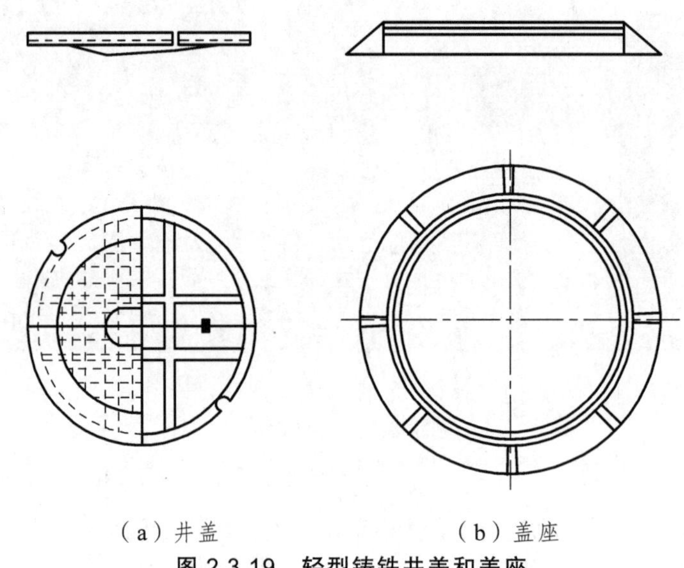

（a）井盖　　（b）盖座

图 2.3.19　轻型铸铁井盖和盖座

2. 雨水口

雨水口是在雨水管渠或合流管渠上设置的收集地表径流的雨水的构筑物。地表径流的雨水通过雨水口连接管进入雨水管渠或合流管渠，使道路上的积水不至漫过路缘石，从而保证城市道路在雨天时正常使用，因此雨水口俗称收水井。

雨水口一般设在道路交叉口、路侧边沟的一定距离处以及设有道路缘石的低洼地方，在直线道路上的间距一般为 25 ~ 50 m，在低洼和易积水的地段，要适当缩小雨水口的间距。当道路纵坡大于 0.02 时，雨水口的间距可大于 50 m，其形式、数量和布置应根据具体情况和计算确定。

雨水口的构造包括进水箅、井筒和连接管 3 部分，如图 2.3.20 所示。

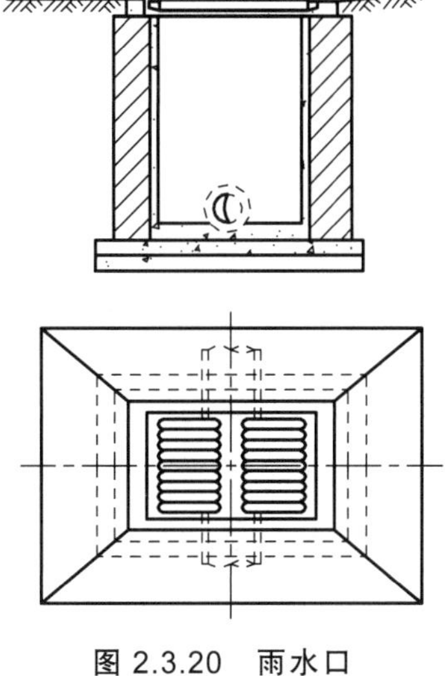

图 2.3.20　雨水口

1—进水箅；2—井筒；3—连接管

进水箅可用铸铁、钢筋混凝土或其他材料做成，其箅条应为纵横交错的形式，以便收集从路面上不同方向上流来的雨水，如图 2.3.21 所示。井筒一般用砖砌，深度不大于 1 m，在有冻胀影响的地区，可根据经验适当加大。雨水口的构造和各部位的尺寸详见《市政工程设计施工系列图集》（给水排水工程册）或其他相关资料。雨水口通过连接管与雨水管渠或合流管渠的检查井相连接。连接管的最小管径为 200 mm，坡度一般为 0.01，长度不宜超过 25 m。

根据需要在路面等级较低、积秽很多的街道或菜市场附近的雨水管道上，可将雨水口做成有沉泥槽的雨水口，以避免雨水中挟带的泥沙淤塞管渠，但需经常清掏，增加了养护工作量。

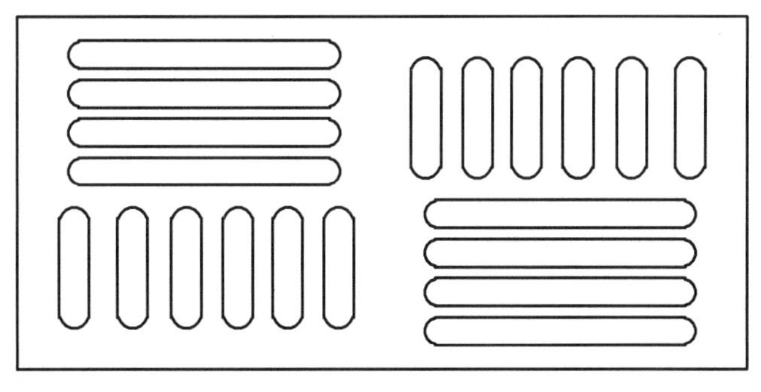

图 2.3.21　进水箅

3. 倒虹管

排水管道遇到河流、洼地、或地下构筑物等障碍物时，不能按原有的坡度埋设，而是按下凹的折线方式从障碍物下通过，这种管道称为倒虹管。它由进水井、下行管、平行管、上行管和出水井组成，如图 2.3.22 所示。

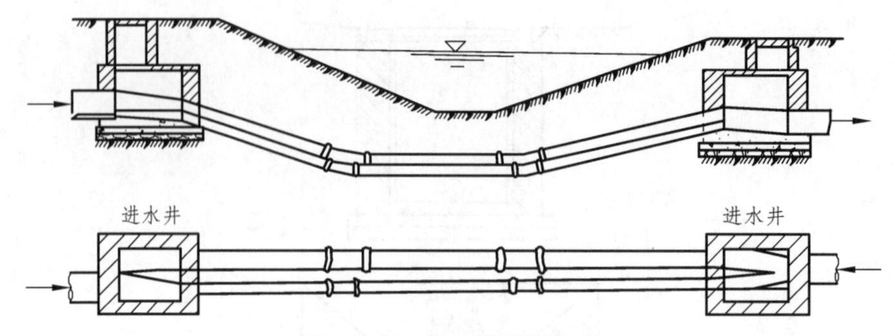

图 2.3.22　排水管道倒虹吸

进水井和出水井均为特殊的检查井，在井内设闸板或堰板以根据来水流量控制倒虹管启闭的条数，进水井和出水井的水面高差要足以克服倒虹管内产生的水头损失。

平行管管顶与规划河床的垂直距离不应小于 1.0 m，与构筑物的垂直距离应符合与该构筑物相交的有关规定。上行管和下行管与平行管的交角一般不大于 30°。

2.3.8　排水管道工程施工图识读

排水管道工程施工图的识读是保证工程施工质量的前提，一般排水管道施工图包括平面图、纵剖面图、大样图 3 种。

2.3.9　混凝土管道开槽施工

1. 降排水

讨　论

影响工程顺利进行的水是从哪儿来的？（图 2.3.23）

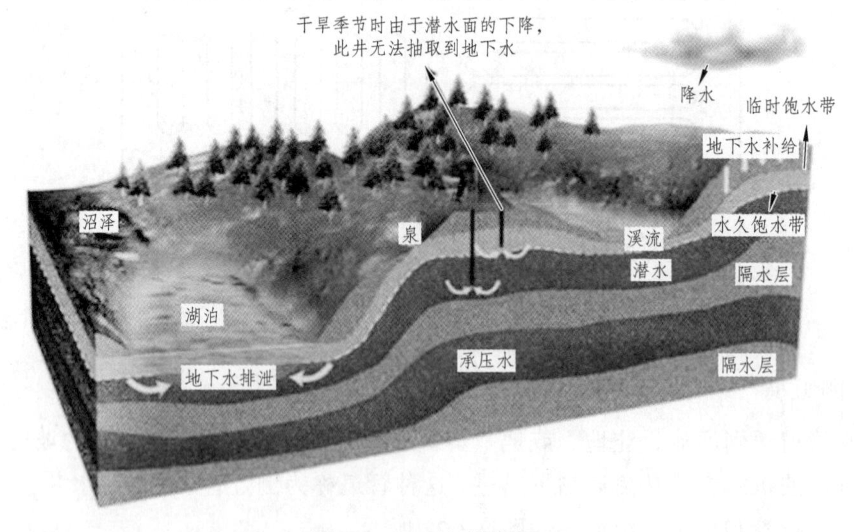

图 2.3.23　水的来源

1）影响施工的水

（1）地表水。

（2）雨水。

（3）地下水。

① 水气。

② 结合水。

③ 自由水：潜水、承压水。

讨　论

水对施工作业的影响有哪些？

2）施工排水、降水的方法

（1）明沟排水。

（2）人工降低地下水。

① 轻型井点。

② 电渗井点。

③ 喷射井点。

④ 深井。

讨　论

排水时，地下水位应降到槽底以下多少（表 2.3.3）？排水的目的是什么？

表 2.3.3　不同排水方式的降低水位深度

种类	适用范围	土层渗透系数/（m/d）	降低水位深度
明沟排水	除细砂外，适用于各种土层	除细砂外，适用于各种土层	
轻型井点（单层）	粉砂、细砂、中砂、粗砂	0.5～50	3～6 m
轻型井点（多层）	粉砂、细砂、中砂、粗砂	0.5～50	6～12 m
电渗井点	黏土、亚黏土、黄土、淤泥	<0.1	5～6 m
喷射井点	最有效：粉砂、细砂、中砂	0.1～50	8～20 m
深井	粒径中砂以上	10～250 粒径中砂以上	>15 m

3）明沟排水

（1）原理（图 2.3.24）。

地面截水（槽内四周挖排水沟）→降水引入集水井→用水泵抽取。

第一层挖土

基坑

排水沟

（a）

第一层设置集水井抽水

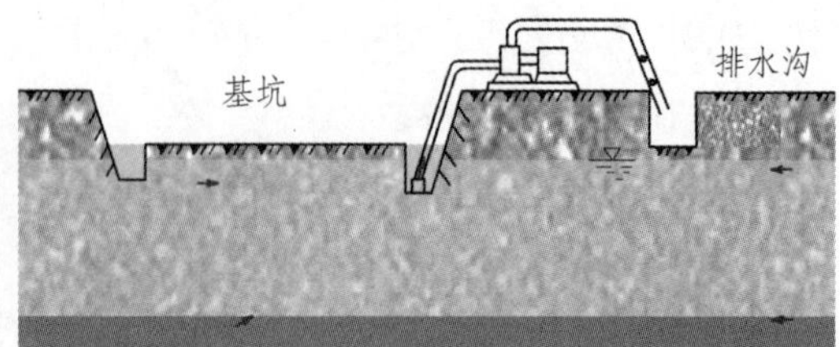

（b）

第二层挖土

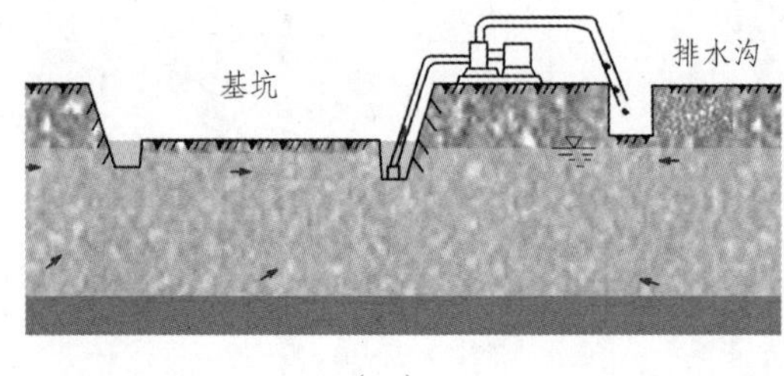

（c）

第二层设置集水井抽水

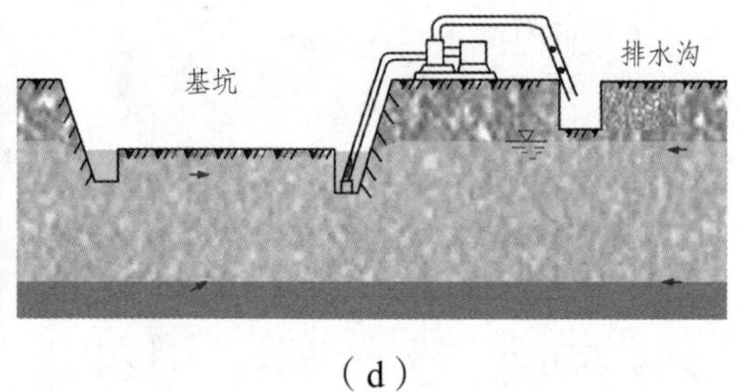

（d）

第三层挖土

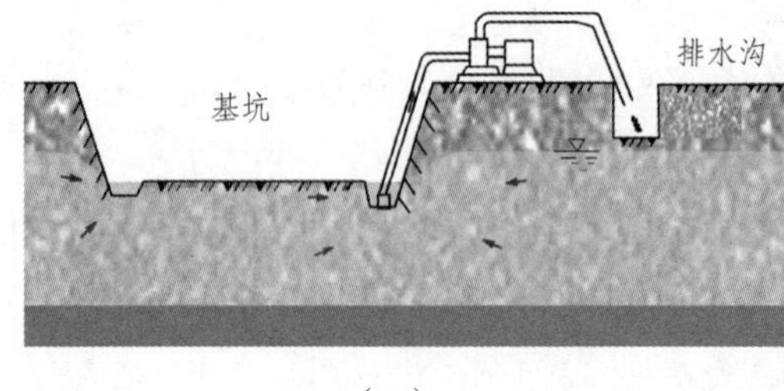

（e）

挖至基底

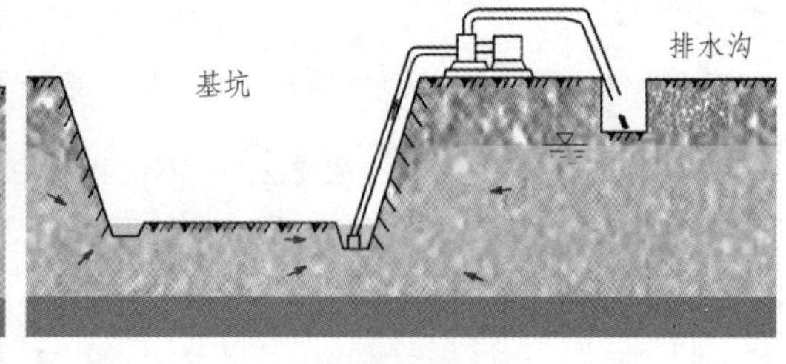

（f）

基底设置集水井抽水

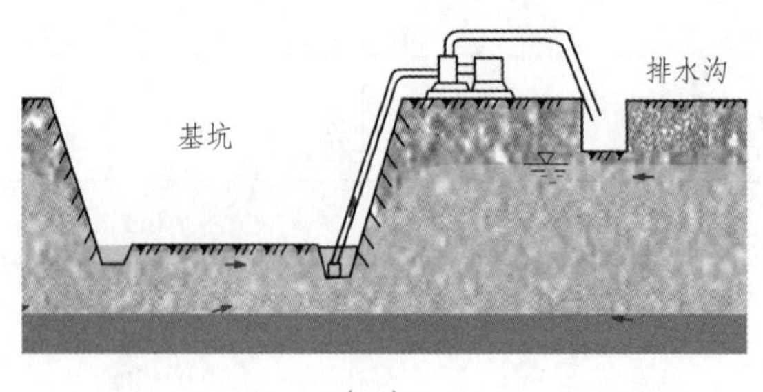

（g）

图 2.3.24　明沟排水原理

讨 论

明沟排水的适用范围是什么？

（2）地面截水。

位置：沟槽四周、沟槽两侧、沟槽单侧（迎水一侧）。

排水：利用已有排水沟与已有建筑物保持距离。

（3）坑内排水。

① 普通明沟排水（图 2.3.25）。

组成：排水沟、集水井、抽水泵。

要求：开挖前设置。

位置：单侧或双侧工作面外距槽壁大于 0.3 m。

尺寸：底宽大于 0.3 m 槽深应大于 0.3 m 以上纵坡大于 1.0%。

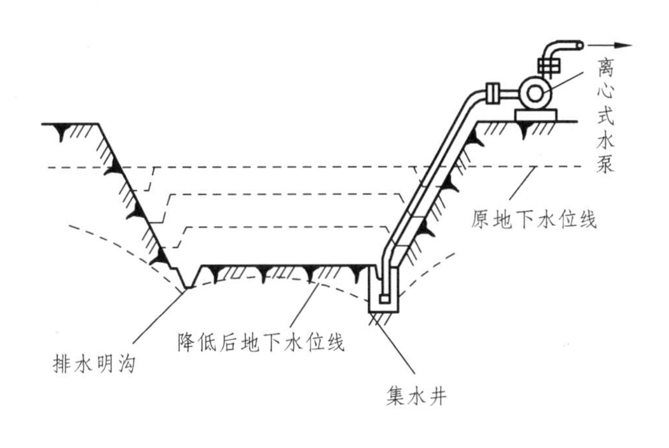

（a）

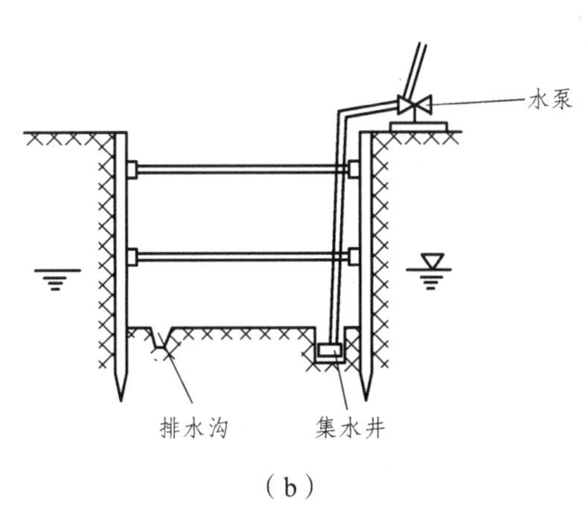

（b）

图 2.3.25 明沟排水

② 集水井。

位置：每隔 50 ~ 150 m 距沟槽 1 ~ 2 m。

尺寸：一般比排水沟低 0.7 ~ 1.0 m，达设计标高后，应低 1 ~ 2 m；断面 0.6 m × 0.6 m ~ 0.8 m × 0.8 m。

（4）集水井排水设备（图 2.3.26）。

抽水泵：离心泵、潜水泵、潜污泵

（a）　（b）

（c）

图 2.3.26　集水井排水设备

（5）坑内排水。

讨　论

涌水量计算方法有哪些？

4）井点类型和组成

（1）井点的优点、类型和工作原理。

① 优点。

a. 机具设备简单、易于操作、便于管理。

b. 可减少基坑开挖边坡坡率，降低基坑开挖土方量。

c. 开挖好的基坑施工环境好，各项工序施工方便，大大提高了基坑施工工序。

d. 开挖好的基坑内无水，相应提高了基底的承载力。

e. 在软土路基，地下水较为丰富的地段应用，有明显的施工效果。

② 类型：单层、多层。

③ 工作原理（图 2.3.27）。

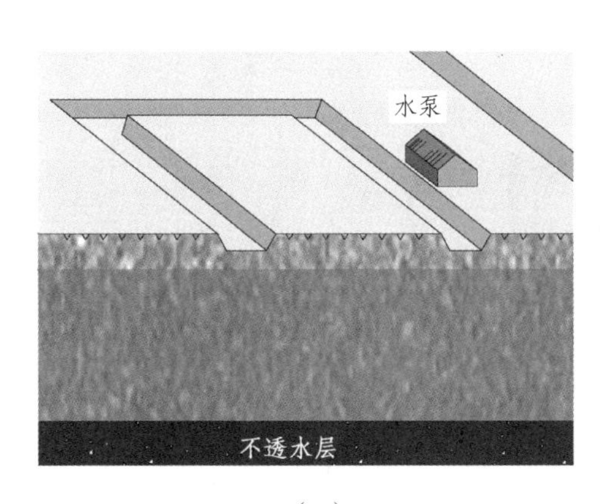

（a）

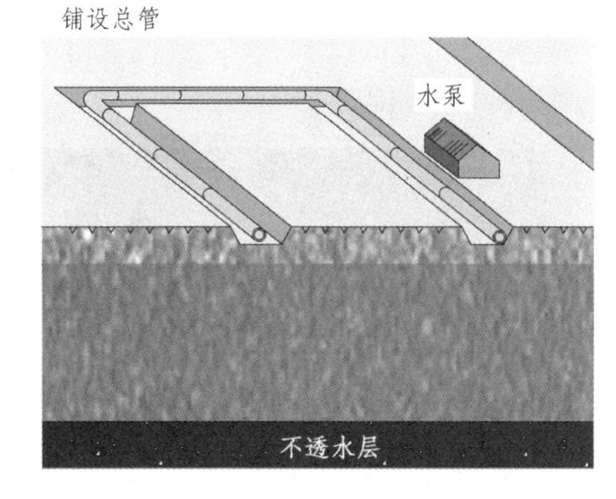

（b）

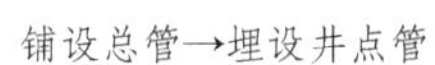

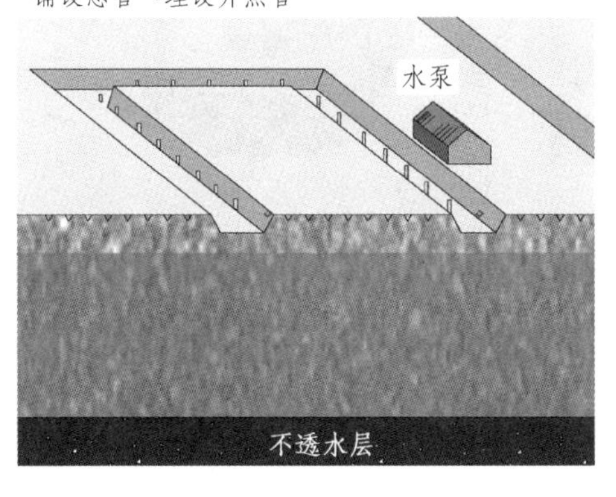

（c）

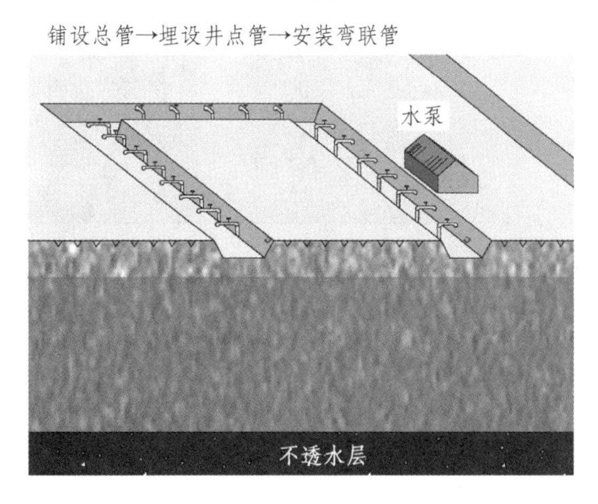

（d）

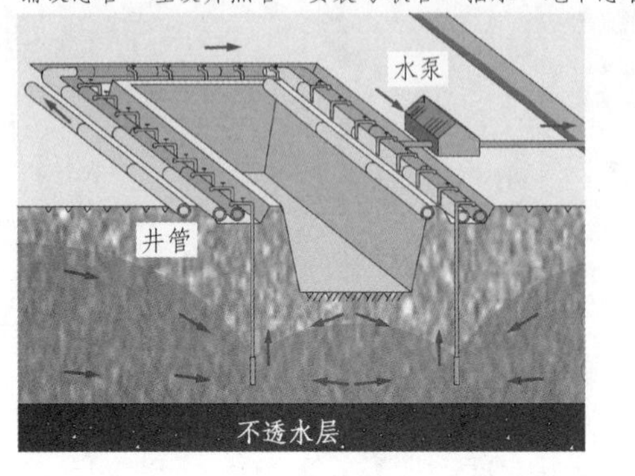

(e)

(f)

图 2.3.27　井点降水原理

（2）轻型井点的组成：井点管、滤管、直管、弯联管、总管、抽水设备。

① 井点管（图 2.3.28）。

a. 滤管。

直径：38 ~ 55 mm。

长度：1 ~ 2 m。

材料：镀锌钢管。

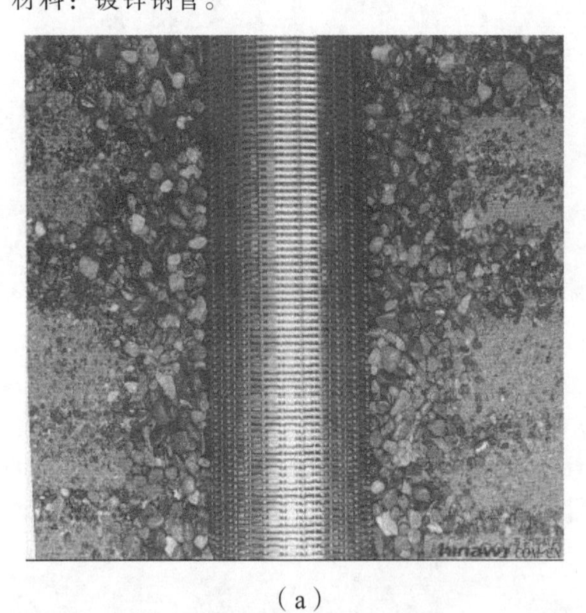

(a)

(b)

图 2.3.28　井点管

b. 直管（图 2.3.29）。

直径：38 mm、51 mm。

长度：5 ~ 7 m。

图 2.3.29　直管

② 弯联管（图 2.3.30）。

材料：橡胶管、塑料管。

长度：1.0 m。

图 2.3.30　弯联管

③ 总管。

直径：100 ~ 150 mm 钢管。

讨　论

总管间连接方式是什么？

④ 抽水设备（图 2.3.31）：射流泵、真空泵、自引式。

图 2.3.31　抽水设备

（3）轻型井点的布设。

① 平面布设。

a. 布设形式。

单排布设：沟槽底宽≤2.5 m。

双排布设：沟槽底宽 > 2.5 m。

U 形布设：一侧需要机械出入。

环形布设：面积较大的基坑。

b. 总管长度。

每端的延长长度≥沟槽上宽。

c. 井点管的位置。

距沟槽上边缘外 1.0 ~ 1.5 m。

② 竖向布设。

a. 根据地下水有无压力，水井分为无压井和承压井。

当水井布置在具有潜水自由面的含水层中时（即地下水为自由面），称为无压井；当水井布置在承压含水层中时（含水层中的水充满在两层不透水层中间，含水层中的地下水面具有一定水压），称为承压井。

b. 根据水井埋设的状态，水井分为完整井和非完整井（图 2.3.32）。

当水井底部达到不透水层时称为完整井；否则称为非完整井。

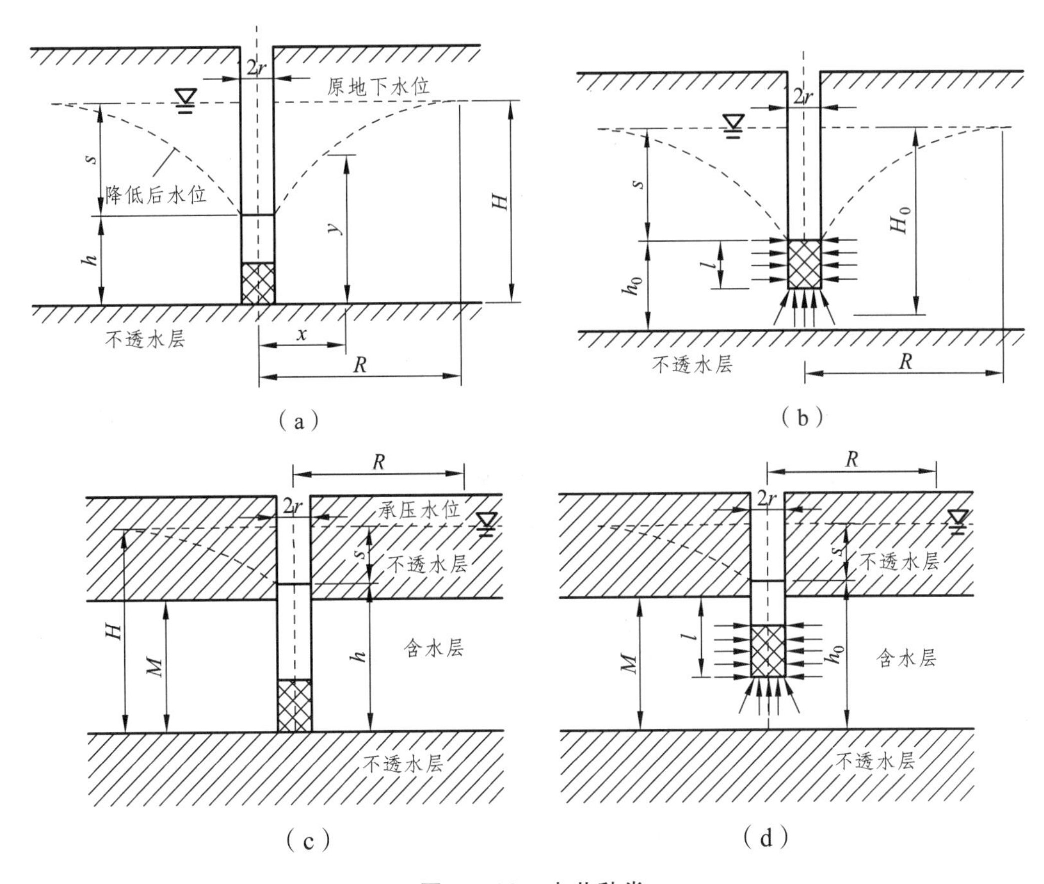

图 2.3.32　水井种类

特别提示

井点类型包括潜水完整井、潜水不完整井、承压完整井、承压不完整井。

讨　论

井点管埋设深度要求是什么？

5）涌水量的计算

6）喷射井点人工降低地下水

测　试

喷射井点人工降低地下水降水深度的方法有哪些？这些方法是如何分类的？不同的方法设备如何布置？

2. 沟槽支撑

讨 论

图 2.3.33 中所示工程事故的发生原因是什么？

（a）

（b）

（c）

图 2.3.33　工程事故

（1）沟槽支撑（图 2.3.34）的目的及特点。

a. 目的：挡土；保证施工安全。

b. 加设支撑的优点：减少挖土方量、占地及拆迁。

缺点：增加钢、木材消耗、影响后续施工。

图 2.3.34　沟槽支撑

（2）沟槽支撑加设的条件：土质差，深度大，直槽，高地下水。

（3）沟槽支撑的种类。

① 按支撑的材料分：木板支撑，钢板支撑，钢筋混凝土支撑，如图 2.3.35 所示。

（a）

（b）

（c）

图 2.3.35　木板支撑

② 按支撑的形式分：撑板支撑，钢板桩支撑，如图 2.3.36 所示。

钢板桩支撑适用于地下水比较严重，有流砂现象，不能排板，只能随打板桩随挖土时。

（a）

（b）

图 2.3.36　钢板桩支撑

③ 按撑板（挡土板）的方向分：横板支撑（横撑）、竖板支撑（竖撑）（图 2.3.37）。

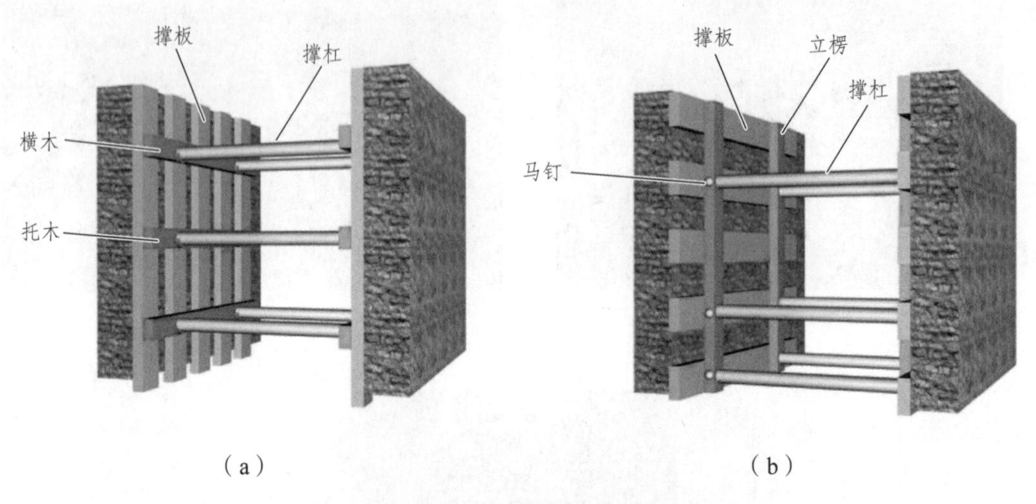

（a）　　　　　　　　　　　　（b）

图 2.3.37　横撑与竖撑

④ 按撑板（挡土板）的间距分：密撑、疏撑（稀撑）（图 2.3.38）。

（a）

（b）

图 2.3.38　密撑与疏撑

（4）撑板支撑。

① 构造组成（图 2.3.39）：撑板（挡土板）、横梁与纵梁（立柱）、横撑（撑杠）。

② 材料要求。

a. 撑板（挡土板）（图 2.3.40）。

金属撑板：钢板+槽钢，设计确定规格。

木撑板：厚度≥50 mm；长度≥4 m；宽度 200 ~ 300 mm。

（a）

（b）

图 2.3.40　撑板

b. 横梁或纵梁（立柱）。

采用方木：断面尺寸≥150 mm × 150 mm。

槽钢：100 mm × 150 mm；200 mm × 200 mm。

纵梁（立柱）间距：槽深≤4 m，立柱间距 1.5 m；槽深 4 ~ 6 m，立柱间距 1.2 m（疏撑）、1.5 m（密撑）；槽深 > 6 m，立柱间距 1.2 ~ 1.5 m。

横梁间距：1.2 ~ 1.5 m。

c. 横撑（撑杠）（图 2.3.41）。

木撑杠：宜为原木，直径≥100 mm；金属撑杠（工具式撑杠）。

撑杠间距：水平 1.5 ~ 2.0 m；垂直≤1.5 m。

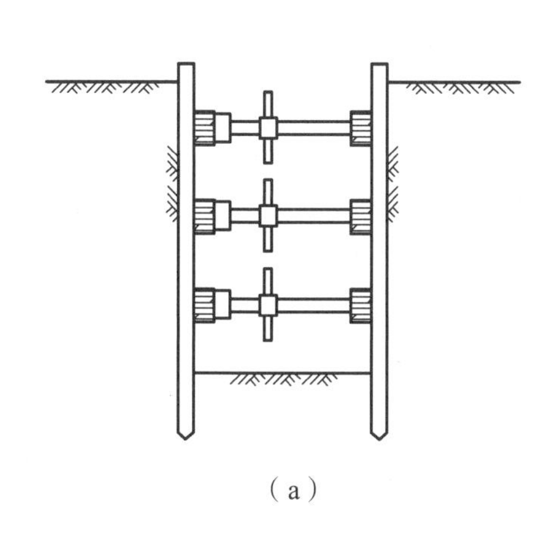

（a）

（b）

（c）

（d）

图 2.3.41　横撑

③ 支撑支设。

a. 横撑支设。

要求：先挖后支撑；逐层开挖、逐层支设。

讨　论

如下所示步骤中，横撑支设顺序（请正确排序）是（　　）。

① 将撑板紧贴槽壁。

② 槽壁找平。

③ 将立柱（纵梁）紧贴撑板。

④ 将撑杠支设在立柱上。

⑤ 校核沟槽的断面尺寸。

正确顺序：⑤ ② ① ③ ④。

b. 竖撑支设。

要求：先打后挖；边挖边支撑。

讨　论

如下所示步骤中，竖撑的支设顺序（请正确排序）是（　　）。

① 开挖沟槽。

② 每挖深 0.5 ~ 0.6 m，撑板下锤 1 次。

③ 支撑直至安装到槽底。

④ 将撑板打入土中。

⑤ 下锤撑板每 1.2 ~ 1.5 m，加设横梁和撑杠 1 次。

正确顺序：④ ① ② ⑤ ③。

④ 支设相关规定。

a. 木材的质量（图 2.3.42）。

b. 支设的水平度与垂直度。

c. 如遇管道横穿沟槽。

图 2.3.42　木材的质量

⑤ 支撑的拆除。

a. 多层支撑应先下后上。

b. 应与回填土高度配合。

c. 拆后应及时回填。

d. 设排水沟，由分水线向两侧集水井拆。

（5）钢板桩支撑。

① 构造组成（图 2.3.43）：钢板桩（钢板、槽钢）、撑杠与横梁（偶用）。

（a）

（b）

图 2.3.43　钢板桩支撑构造

② 材料要求：尺寸规格应通过计算得出。

③ 钢板桩支设的设备。

a. 桩锤（图 2.3.44）。

（a）　（b）　（c）

（d）　（e）

图 2.3.44　桩锤

b. 桩架。

c. 动力设备（图 2.3.45）。

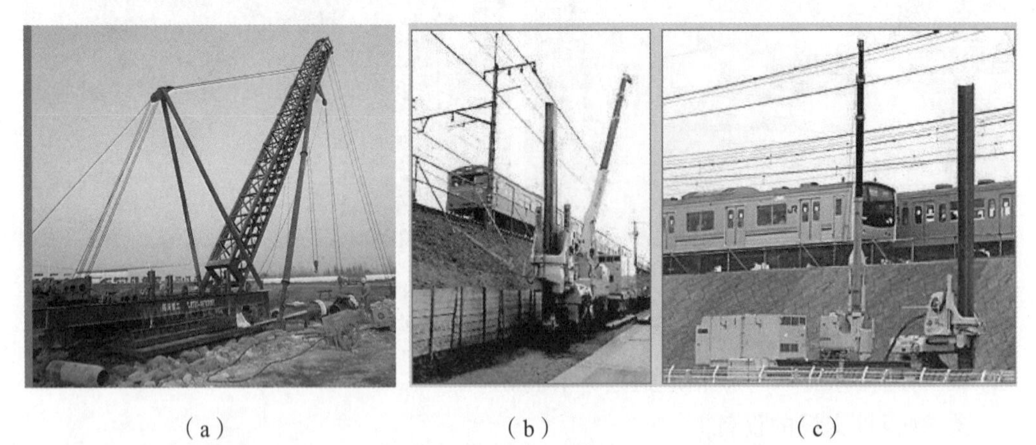

（a）　（b）　（c）

图 2.3.45　动力设备

④ 打桩的方法。

a. 单独打入法（图 2.3.46）。

优点：不需要辅助支架；施工简便、速度快。

缺点：桩精度不高、误差不易调整。

适用：对桩要求不高、长度不大于 10 m。

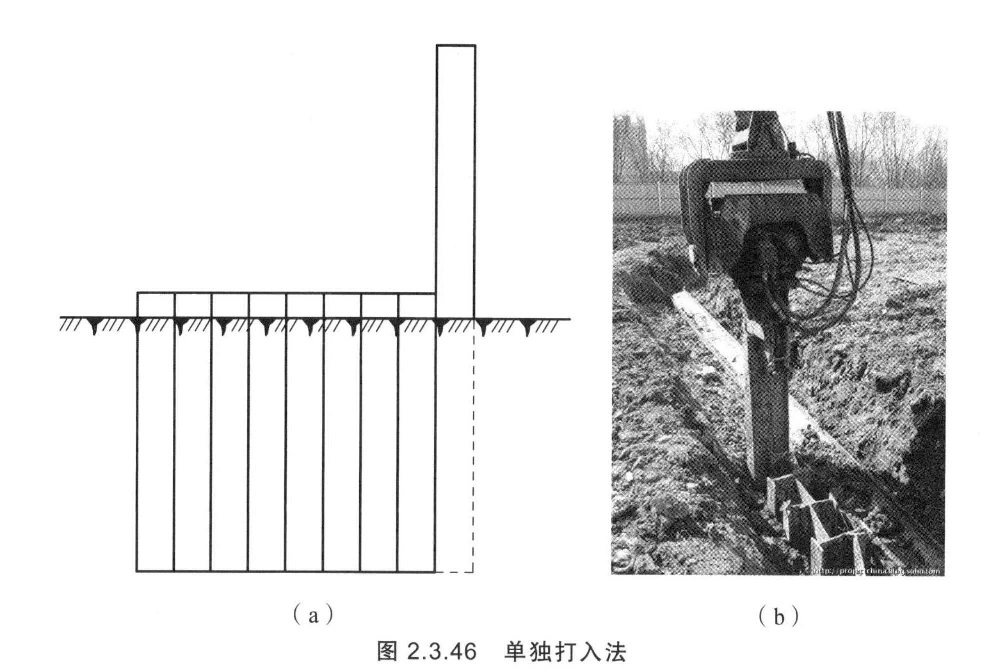

（a）　　　　（b）

图 2.3.46　单独打入法

b. 围囹（檩）插桩法（图 2.3.47）。

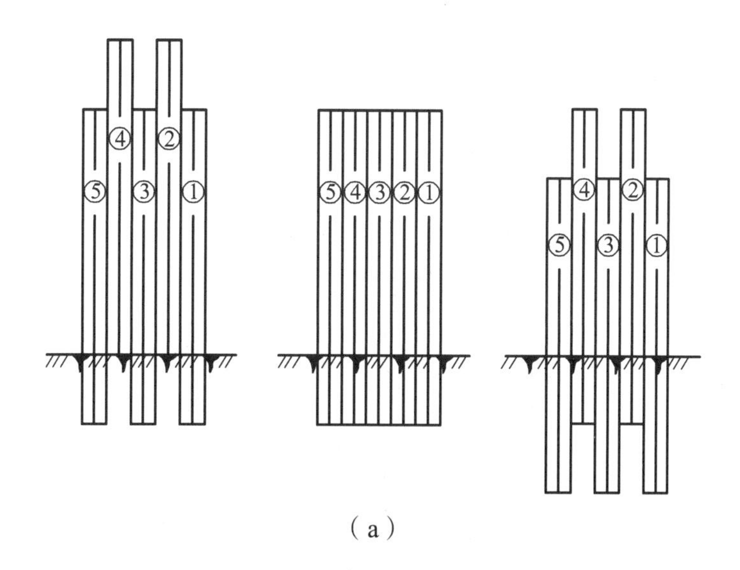

（a）

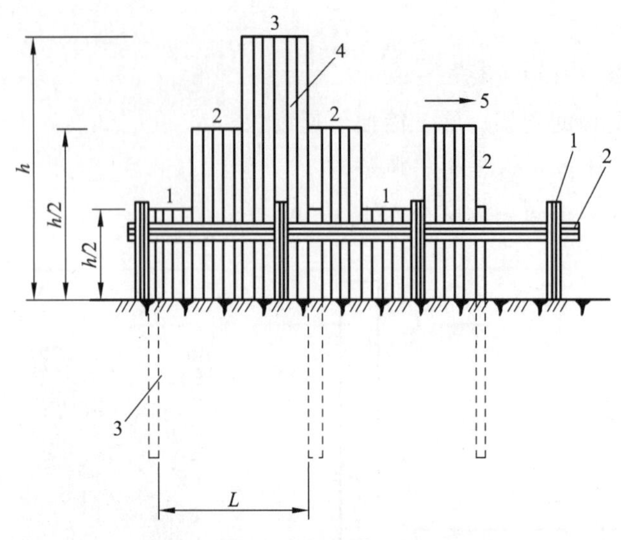

图 2.3.47　围图（檩）插桩法

1—围檩桩；2—围檩；3—定位钢板桩；4—钢板桩；5—打桩方向；
h—桩板长度；L—块板桩宽度

⑤ 支撑拆除。

a. 回填土达到要求后拔除。

b. 拔除后及时回填桩孔（灌砂、注浆）。

3. 管道基础施工

1）管道基础施工的准备（图 2.3.48）。

（1）沟槽检验。

（2）材料准备。

（3）施工方案。

图 2.3.48　管道基础施工的准备

2）管道基础的类型

（1）土弧基础（原状地基）（图 2.3.49）。

适用：地基承载力≥100 kPa 时，优先选用柔性接口管道。

材料：原状坚硬土、原状岩石。

（a）　　　　　　　　　　（b）

图 2.3.49　土弧基础

（2）砂石基础（图 2.3.50）。

适用：地基承载力＜100 kPa，满足地基受力条件，宜优先选柔性接口管道。

材料：中砂、粗砂级配砂石、碎石、石屑，最大粒径≤25 mm。

（a）　　　　　　　　　　（b）

图 2.3.50　砂石基础

（3）混凝土基础（图 2.3.51）。

适用：刚性接口管道；每隔 20 ~ 25 m 设一条沉降缝。

材料：素混凝土，钢筋混凝土。

（a）

（b）

图 2.3.51　混凝土基础

3）管道基础施工

（1）土弧基础施工（图 2.3.52）。

a. 基础中心角 > 60° 。

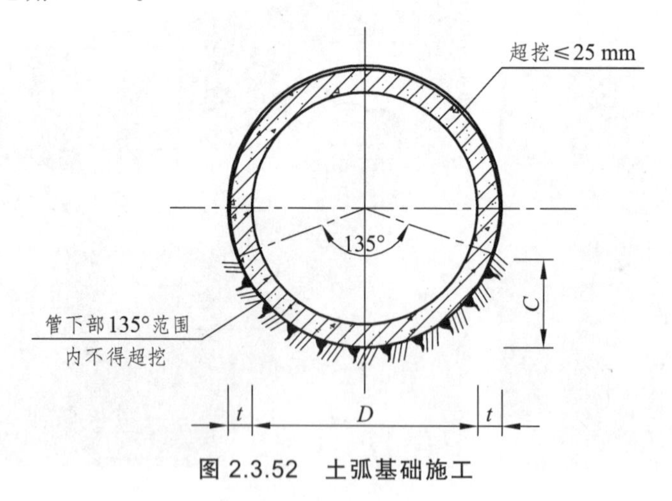

图 2.3.52　土弧基础施工

b. 原状土超挖。

深度≤150 mm，原土夯实达密实度。

深度＞150 mm，级配砂石、砂砾回填压实。

c. 排水不良造成土基扰动。

扰动深度≤100 mm，级配砂石、砂砾回填压实。

扰动深度＞150 mm，卵石、块石回填压实。

d. 原状土为岩石或坚硬土层，管道下方应铺设砂垫层（表 2.3.3）。

表 2.3.3　砂垫层厚度

管道种类	垫层厚度/mm		
	D_o≤500	500<D_o≤1000	D_o>1 000
柔性管道	≥100	≥150	≥200
柔性接口的刚性管道	150～200		

e. 质量验收（图 2.3.53）。

主控项目：原状土地基承载力。

一般项目：原状地基与管道接触均匀，无间隙；土弧基础腋角高度；承插接口处地基处理。

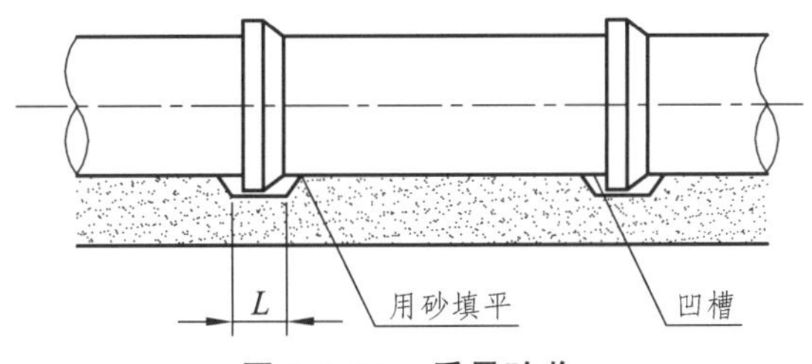

图 2.3.53　质量验收

特别提示

管道不得铺设在冻结的地基上。

（2）砂石基础施工（图 2.3.54）。

图 2.3.54　砂石基础施工

① 槽底不应有积水和软泥（图 2.3.55）。

（a）

（b）

图 2.3.55　槽底要求

② 垫层。

垫层厚度见表 2.3.4。

表 2.3.4　柔性接口刚性管道砂石垫层总厚度

管径（D_o）/mm	垫层总厚度/mm
300 ~ 800	150
900 ~ 1 200	200
1 350 ~ 1 500	250

③ 管道有效支撑角（图 2.3.56）。

管道有效支撑角范围必须用中砂、粗砂填充、插捣密实；与管底紧密接触；不得用其他材料。

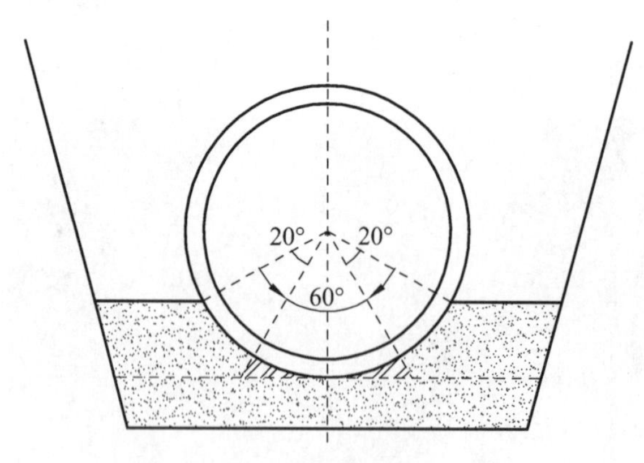

图 2.3.56　管道有效支撑角

④ 质量验收。

主控项目：材料质量、压实度（设计要求）。

一般项目：基础与管道均匀接触、无间隙；高程；平基厚度；砂石基础腋角高度。

（3）混凝土基础施工。

① 施工方法。

排水管道铺设的方法较多，常用的方法有平基法、垫块法、“四合一”施工法。应根据管道种类、管径大小、管座形式、管道基础、接口方式等来合理选择排水管道铺设的方法。

a. 平基法（图 2.3.57）。

平基法施工程序为：支平基模板→浇筑平基混凝土→下管→安管（稳管）→支管座模板→浇筑管座混凝土→抹带接口→养护。

（a）

（b）

图 2.3.57 平基法

b. 垫块法（图 2.3.58）。

排水管道施工，把在预制混凝土垫块上安管（稳管），然后再浇筑混凝土基础和接口的施工方法，称为垫块法。采用这种方法可避免平基、管座分开浇筑，是污水管道常用的施工方法。垫块法施工程序为：预制垫块→安垫块→下管→在垫块上安管→支模→浇筑混凝土基础→接口→养护。

（a）

（b）

图 2.3.58 垫块法

c.“四合一”施工法 （图 2.3.59）。

概念：排水管道施工，将混凝土平基、稳管、管座、抹带四道工艺合在一起施工的做法，称为“四合一”施工法。

施工程序：验槽→支模→下管→排管→四合一施工→养护 。

（a）

（b）

图 2.3.59 “四合一”施工法

特别提示

小管径：四合一法。

大管径：先垫块稳管，管座、管基一次浇筑。

雨期和不良地基：先打平基。

② 规范要求。

模板支设高度：应高于混凝土的浇筑高度。

管座与平基分开浇筑时：应先将平基凿毛冲洗干净。

腋角施工：用同等强度等级的水泥砂浆填满捣实后，再浇筑混凝土。

垫块法施工顺序：必须先在一侧灌注混凝土，至对侧混凝土与浇筑侧混凝土同高，再同时浇筑，并保证同高。

沉降缝的位置：与柔性接口一致。

③ 质量验收。

主控项目：混凝土强度。

一般项目：

a. 混凝土基础外光内实，无严重缺陷。

b. 钢筋位置、数量正确。

c. 平基：中心线每侧宽度、高程、厚度。

d. 管座：肩宽、肩高。

4. 钢筋混凝土（混凝土）管道安装施工

1）管道安装的准备工作（图 2.3.60）。

① 管道准备。

② 平基准备。

③ 接口材料准备。

④ 管道安装应满足的要求。

（a）

（b）

图 2.3.60 管道安装的准备工作

2）管道施工的顺序

（1）排管。

特别提示

排管要求：①管道距沟槽边≥0.5 m；②注意水流方向；③应扣除井及其他构筑物占位④不具排管条件，可集中堆放。

（2）下管。

目的：将管道从沟槽边放入沟槽底。

方法：人工下管、机械下管。

① 人工下管（图 2.3.61）。

适用：管径小、重量轻、沟槽浅；场地狭窄、不便机械施工。

方法：压绳下管法、吊链下管法、溜管。

图 2.3.61 人工下管

② 机械下管法（图 2.3.62）。

适用：管径大、重量大、沟槽深、工作量大、便于机械施工。

常用机械：轮胎式起重机、履带式起重机、汽车式起重机。

图 2.3.62　机械下管

特别提示

起重机保持距沟槽边≥1 m 的安全距离；一般采用单节下管；注意下管过程中的管道防护。

（3）稳管（图 2.3.63）。

目的：将管道按设计的水平位置和高程稳定在地基或基础上。

要求：平、直、稳、实。

借助工具：坡度板、中心钉、高度板、高程钉。

工作内容：对中（中心线法、边线法）、对高。

（a）　　（b）

图 2.3.63　稳　管

（4）管道接口。

① 刚性接口（图 2.3.66）。

a. 水泥砂浆抹带。

水泥砂浆抹带接口适用：雨水管、地基较好、管径较小。

图 2.3.64 刚性接口

水泥砂浆抹带接口顺序（图 2.3.65）：浇筑管座混凝土→勾捻管座部分管内缝→管带外皮和基础凿毛→管座上部管道内缝支垫托→水泥砂浆抹带施工→勾捻管座上部管道内缝。

（a）　（b）

（c）　（d）

图 2.3.65 水泥砂浆抹带

特别提示

水泥砂浆抹带接口要求（图 2.3.66）：清洗干净、分两层抹完、缝居带中。

（a）

（b）

1：2水泥砂浆捻缝

加抹三角灰

承口

1:1

插口

（c）

图 2.3.66 抹带接口要求

b. 钢丝网水泥砂浆抹带（图 2.3.67）。

钢丝网水泥砂浆抹带接口适用：污水管、地基土质较好。

（a）

（b）

图 2.3.67 钢丝网水泥砂浆抹带

钢丝网水泥砂浆抹带（图 2.3.68）接口顺序：浇筑管座混凝土→放钢丝网→勾捻管座部分管内缝→管带外皮和基础凿毛→管座上部管道内缝支垫托→水泥砂浆抹带施工→勾捻管座上部管道内缝。

（a）

钢丝搭接长100
1：2.5水泥砂浆厚10
1：2.5水泥砂浆厚15
200
180
10
15
20号10×10钢丝网
1：3水泥砂浆
10

（b）

图 2.3.68　钢丝网水泥砂浆抹带

c. 套环接口。

适用：地基沉降不均匀地段、现浇混凝土套环接口。

现浇混凝土套环接口如图 2.3.69 所示。

（a）

（b）

图 2.3.69　现浇混凝土套环接口

预制混凝土套环接口如图 2.3.70 所示。

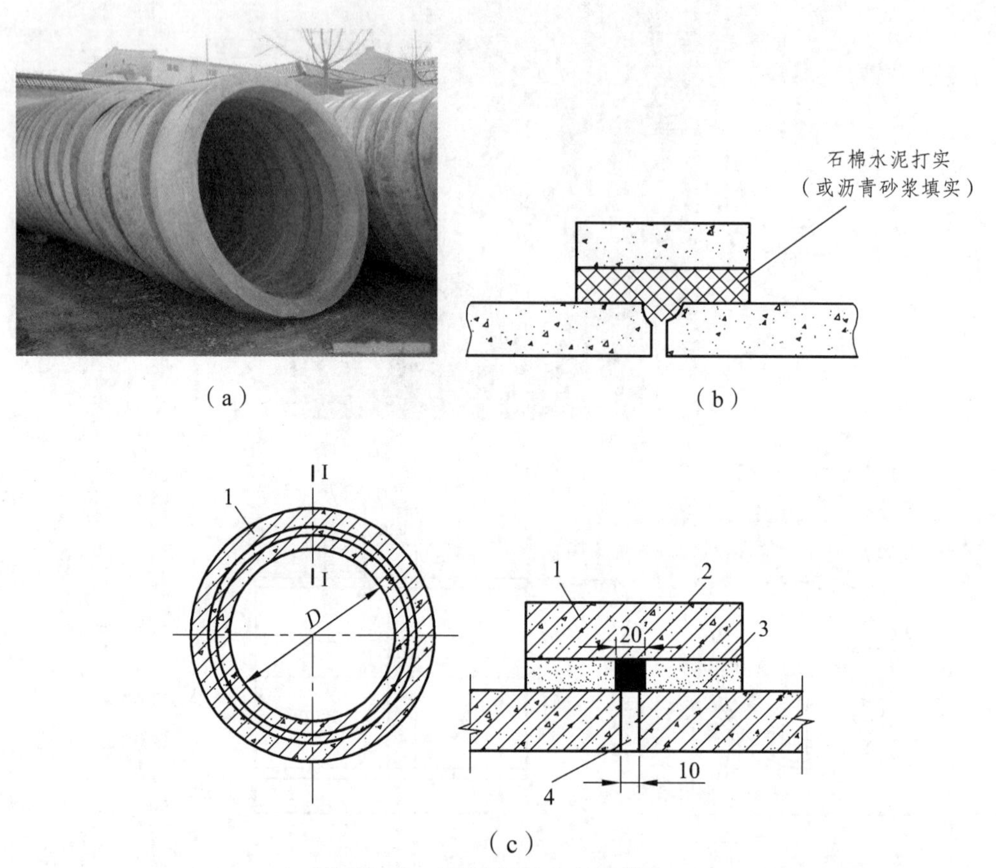

图 2.3.70　预制混凝土套环接口

1—预制钢筋混凝土套环；2—油麻；3—石棉水泥；4—1∶3 水泥砂浆

钢套环接口如图 2.3.71 所示。

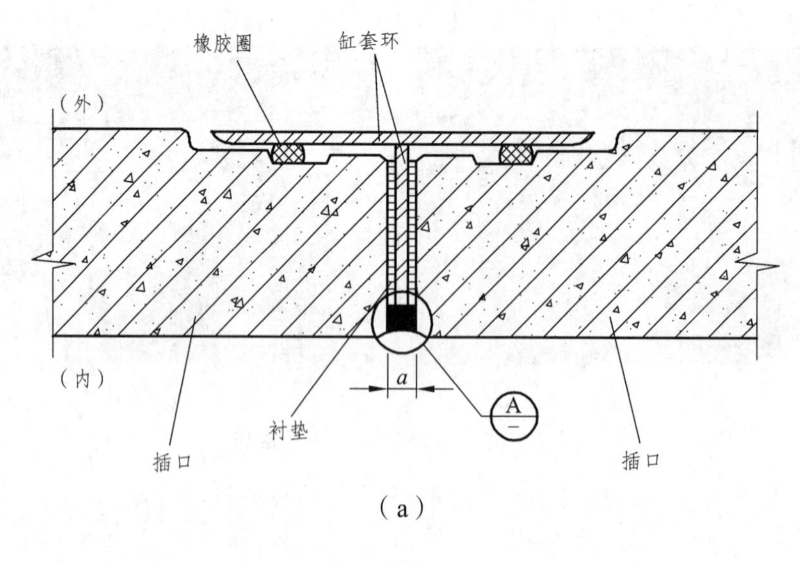

（a）

（b）

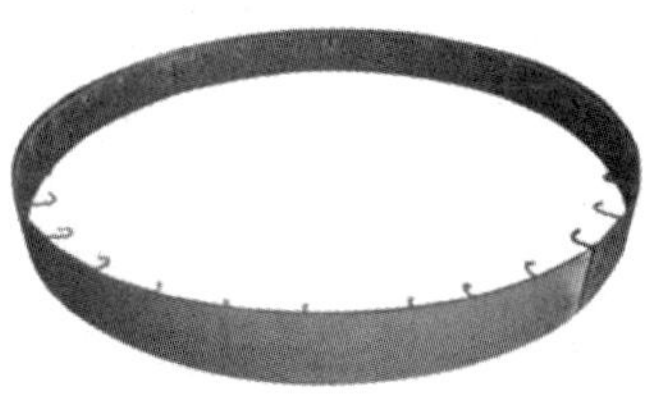

（c）

图 2.3.71　钢套环接口

② 柔性接口。

a. 沥青砂浆接口如图 2.3.72 所示。

图 2.3.72　沥青砂浆接口

b. 沥青玻璃丝布接口如图 2.3.73 所示。

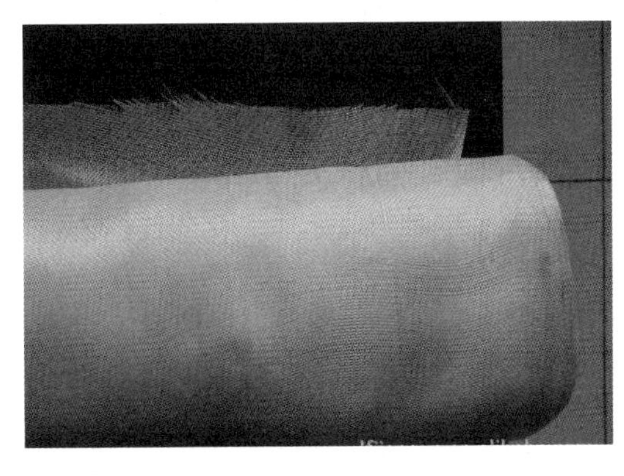

（a）

（b）

图 2.3.73　沥青玻璃丝布接口

c. 橡胶圈接口如图 2.3.74 所示。

图 2.3.74　橡胶圈接口

5. 钢筋混凝土（混凝土）管道安装质量检查

讨　论

混凝土管道的质量检查内容是什么？

1）管道的严密性

试验方法：闭水试验、闭气试验。

（1）必须做闭水试验的结构（图 2.3.75）：污水管、雨污合流管、膨胀土地区的雨水管。

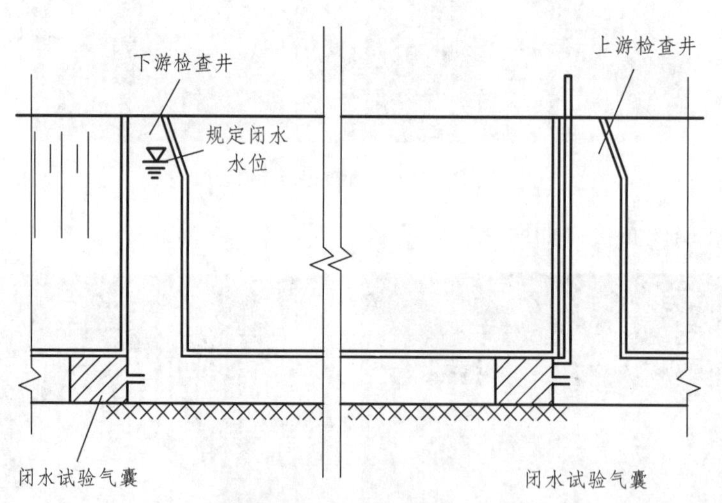

图 2.3.75　闭水试验

（2）闭水试验的要求。

管径不大于 800 mm，采用磅筒闭水；管径大于 800 mm，采用检查井闭水。

（3）闭气试验温度：－15 ~ 50 °C。

（4）一般规定（图 2.3.76）：

在土方回填前完成闭水试验；接口养护 2 天以上；试验前泡管 24 h 以上；从上游至下游分段进行；每段长度≤1 km；带井进行试验。

图 2.3.76　一般规定

试验水头：上游设计水头≤管内顶标高，取管内顶标高+2 m；上游设计水头 > 管内顶标高，取设计水头+2 m；若试验水头 < 10 m，但超出检查井井口标高，取检查井井口标高。

（5）闭水试验方法。

检查井闭水、磅筒闭水；如图 2.3.77 所示。

（a）　　（b）　　（c）

图 2.3.77　磅筒闭水

顺序：注水达试验水头→泡管 24 h→试验观测 30 min，注水补水头→计算渗水量→查表核实。

（6）闭气试验（图 2.3.78）。

适用于：直径 300 ~ 1 200 mm；混凝土排水管（承插、企口、平口）；地下水位低于管底 150 mm；雨天不宜；温度 – 15 ~ 50 °C。

器材：压力表、气阀、管堵、空气压缩机、发泡剂。

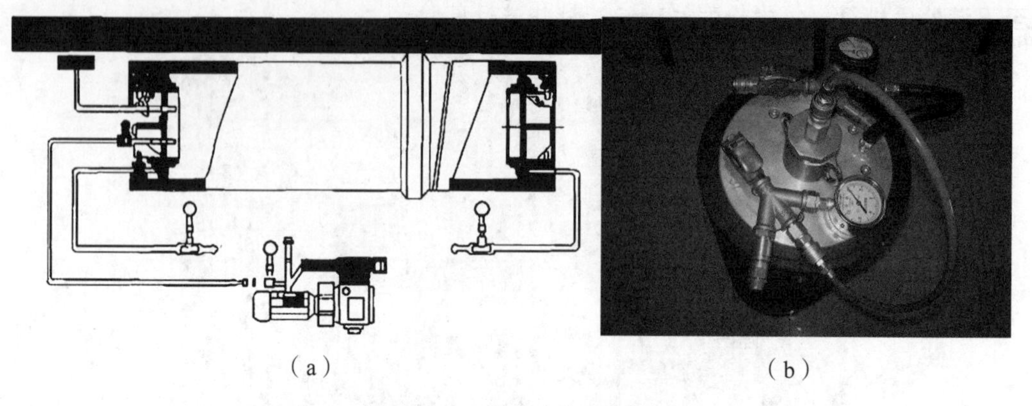

（a）　　　　（b）

图 2.3.78　闭气试验器材

2）管道铺设质量检查

（1）排水管道工程验收分为：中间验收 、竣工验收。

（2）检查内容：埋深、轴线位置、纵坡、管道无结构贯通裂缝、无明显缺陷、安装稳定

线型平顺。

3）管道接口质量检查（图 2.3.79）

（1）接口材料质量。

（2）橡胶圈接口：位置正确、无扭曲、无外露。

（3）刚性接口：无开裂、空鼓、脱落；宽度；厚度。

（4）接口内填缝：密实、光洁、平整。

（a）　　　　（b）

（c）

（d）

图 2.3.79　管道接口质量检查

2.4　课后测试

钢筋混凝土管道沟槽回填土的准备方法有哪些？

任务3　PE（PVC）管道开槽施工

你将完成的任务

PE（PVC）管道管材；PE 管道热熔焊接施工；PVC 管道安装；土方回填；试水试验。

你将收获的知识与能力

（1）掌握市政 PE（PVC）管道的性质.

（2）掌握 PE（PVC）管道工程施工内业的基本知识。

（3）掌握管道文明施工、安全施工的基本知识。

（4）能正确选择 PE（PVC）管道材料。

（5）能按照施工图，合理地选择管道施工方法，理解施工工艺。

（6）能进行 PE（PVC）管道开槽施工方案编制。

学时要求

14 学时。

3.1　任务准备

引导问题：与生活紧密相关的塑料管材有哪些？

3.2　课前测试

讨论：塑料管材有哪些特点？

3.3　交互学习

3.3.1　PE（PVC）管道管材常用市政埋地塑料管的管材

1. 常用市政埋地塑料管的管材（图 3.3.1）

（1）聚氯乙烯管（PVC）。

（2）硬聚氯乙烯管（PVC-U）。

（3）聚乙烯管（PE）。

（4）增强聚丙烯管（FRPP）、玻璃钢管。

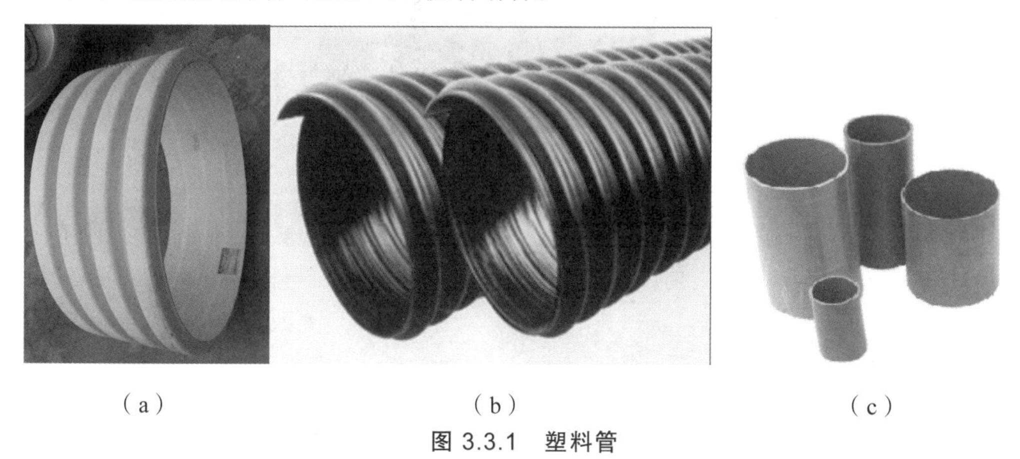

（a）（b）（c）

图 3.3.1 塑料管

2. 塑料管材的适用范围

常用管径：150 ~ 1 200 mm。

管顶最大覆土深度：≤8 m。

适合水温：≤40 °C。

3. 塑料管的管壁结构形式

塑料管按管壁结构形式可分为平壁管、加筋管、双壁波纹管、缠绕结构壁管、钢塑复合缠绕管。

4. 硬聚氯乙烯管（PVC—U）（图 3.3.2）

特点：具有较高的硬度、刚度；抗老化能力好，寿命可达 50 年；耐腐蚀，价廉；安装方便简捷，密封性好；低温抗冲击性能差。

图 3.3.2 硬聚氯乙烯管

（1）硬聚氯乙烯平壁管（图 3.3.3）。

实壁结构；具较高抗内压能力；DN≤200 mm。

图 3.3.3　硬聚氯乙烯平壁管

（2）硬聚氯乙烯加筋管（图 3.3.4）。

外壁环形肋加强；具较好抗冲击性；能较好抵抗外部荷载。

图 3.3.4　硬聚氯乙烯加筋管

（3）硬聚氯乙烯双壁波纹管（图 3.3.5）。

内外壁波纹间为中空；受力良好。

图 3.3.5　硬聚氯乙烯双壁波纹管

（4）硬聚氯乙烯钢塑复合缠绕管。

管外壁采用钢肋增强（图 3.3.6）。

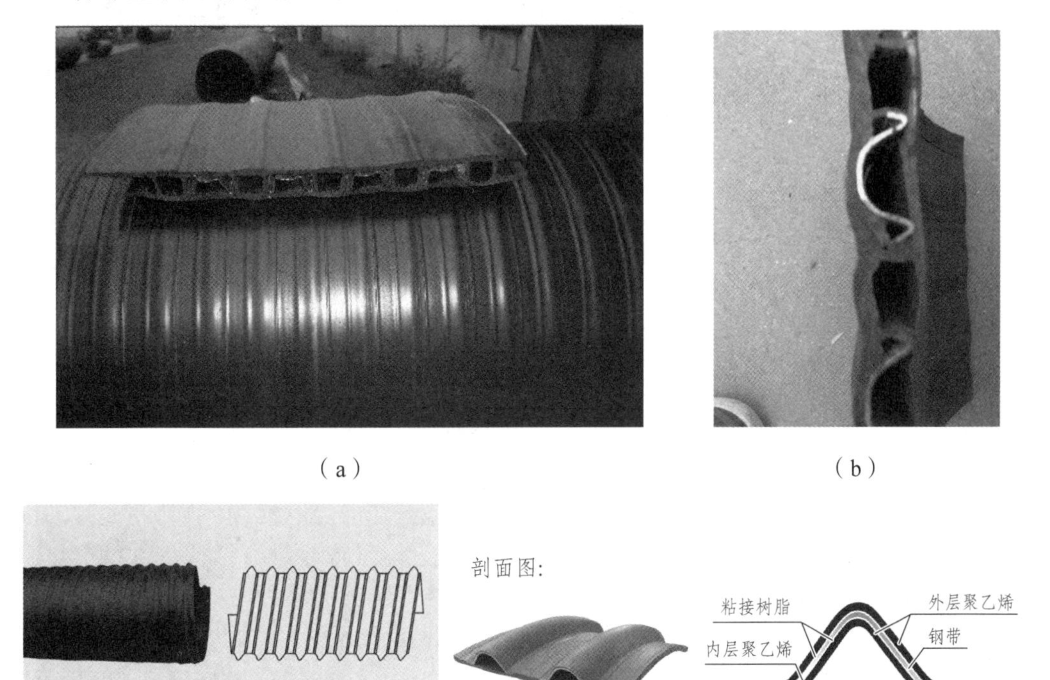

（a）　　（b）

（c）　　（d）

图 3.3.6　管外壁采用钢肋增强

5. 聚乙烯管（PE）（图 3.3.7）

特点：韧性好、低温抗冲击性能好、抗应力开裂性好、耐老化，使用寿命长、可挠性好、卫生性好。

（a）　　（b）

图 3.3.7　聚乙烯管（PE）

（1）高密度聚乙烯（HDPE）双壁波纹管（图 3.8）。管径可达 1 200 mm。

（a）　　　　　　　　　　　　　　（b）

图 3.3.8　高密度聚乙烯（HDPE）双壁波纹管

（2）高密度聚乙烯（HDPE）缠绕结构壁管（图 3.3.9）。管径最大可达 3.0 m。

A 型：内外壁平整，中间缠绕。

B 型：内壁平整，外壁缠绕。

（a）　　　　　　　　　　　　　　（b）

图 3.3.9　高密度聚乙烯（HDPE）缠绕结构壁管

（3）聚乙烯钢塑复合缠绕管（图 3.3.10）。管径可达 3.0 m。

图 3.3.10　聚乙烯钢塑复合缠绕管

6. 增强聚丙烯管（FRPP）（图 3.3.11）

特点：聚丙烯材料中掺入玻璃纤维；提高管材弯曲模量；提高管材低温抗冲击性

能；最大管径 1.2 m；模压工艺生产；可输送酸碱液体和气体。

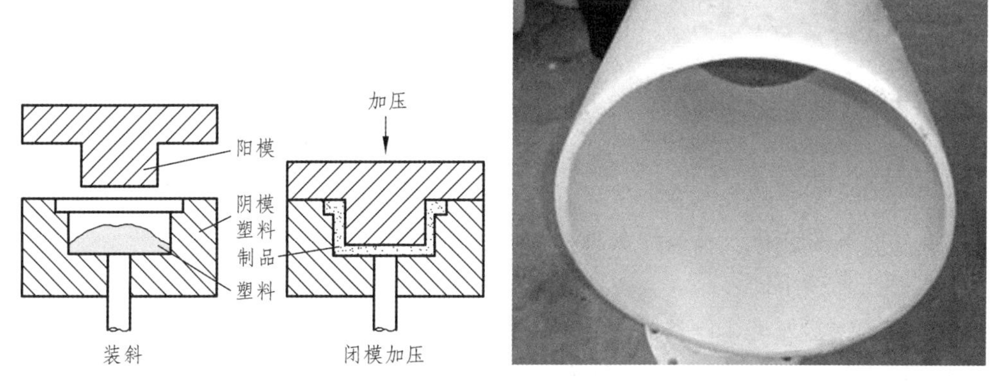

图 3.3.11　增强聚丙烯管（FRPP）

7. 玻璃纤维增强塑料夹砂管（玻璃钢管）（图 3.3.12）

特点：重量轻；承压能力好；水流阻力小；保证水质；抗腐蚀能力强；耐热耐寒性能好。

（a）

（b）

图 3.3.12　玻璃纤维增强塑料夹砂管（玻璃钢管）

3.3.2 PE 管道热熔焊接施工

1. 材料特点

韧性好；低温抗冲击性能好；抗应力开裂性好；耐老化，使用寿命长；可挠性好；卫生性好。

2. 接口特点

（1）工艺流程先进，可实现全自动、半自动施工。

（2）接头连接牢固可靠。

（3）施工技术先进，设备操作简单，劳动强度低。

（4）施工过程中无需配备较多的施工机具，节约成本，机动灵活。

3. 适用范围

本工法可用于市政建设给排水、燃气管道安装以及石油、化工、水处理等领域适用于管径大于 110 mm，小于 425 mm 的管道施工（一般不允许不同材质的 PE 管直接对接）。

4. 工作原理

热熔焊焊接是利用加热工具将管道或管件端面加热到 210 °C 左右，在可控压力下持续一定时间，使两端面熔合为一体，形成符合质量要求的管道焊接接头。

5. PE 管道施工流程

施工前的准备→沟槽开挖 →管沟底的准备→管沟内管道的敷设→管道焊接→管道吹扫→试压 →回填土。

6. PE 管道施工方法

（1）施工前的准备。

① 会审图纸。

② 人员培训。

③ 管材验收。

（2）沟槽开挖。

（3）管沟地面的处理。

（4）管道的敷设。

讨　论

与铸铁管和钢筋混凝土管区别是什么？

特别提示

① 注意管材的选择。

② 注意用什么方法检查密实。

③ 注意覆土厚度。

（5）管道焊接。

① 焊接准备。

② 管道焊接控制。

③ 确定机架拖拉道拉力的大小。

④ 合拢。

（6）试压。

① 强度试验。

② 气密性试验。

（7）土方回填。

参照任务 1 土方回填。

特别提示

夯实要求有哪些？

3.3.3 PVC 管道安装

1. PVC 管道安装流程

（1）放样。

（2）管沟挖掘。

（3）地基处理。

（4）PVC 管道安装。

2. 管道接口

（1）橡胶圈连接（图 3.3.13、图 3.3.14）。

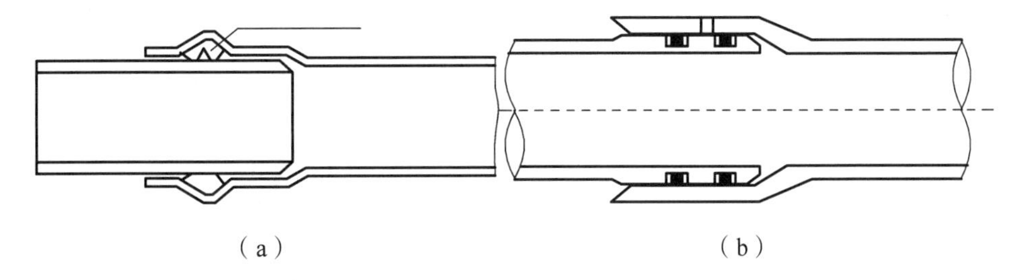

（a）　　（b）

（c） （d）

图 3.3.13 橡胶圈连接（1）

（a）清洁内外壁

（b）放置橡胶图

（c）涂敷润滑剂

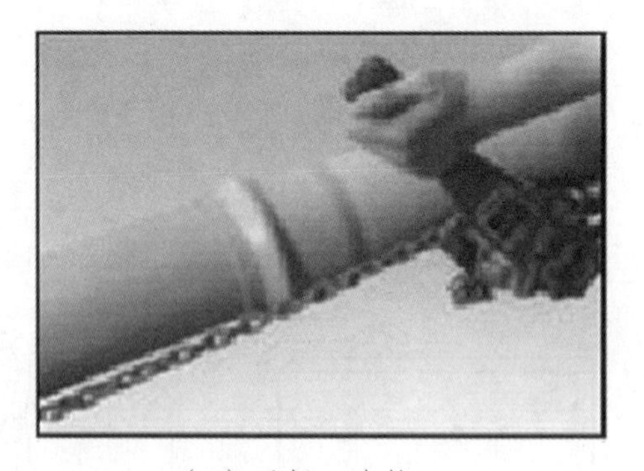

（d）承插口套接

图 3.3.14 橡胶圈连接（2）

（2）TS 冷接法（图 3.3.15）。

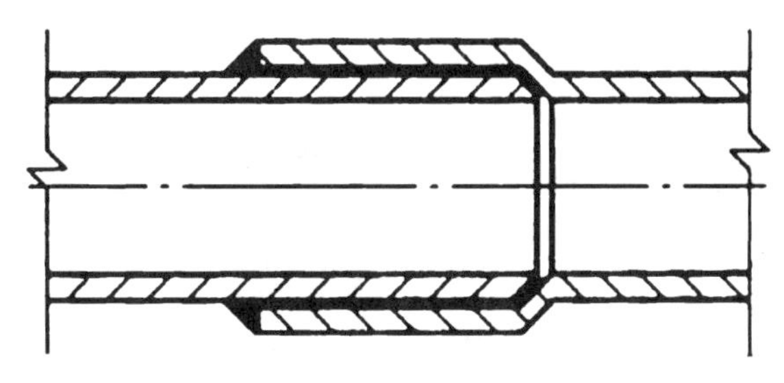

图 3.3.15　TS 冷接法

① 道切割（图 3.3.16）。

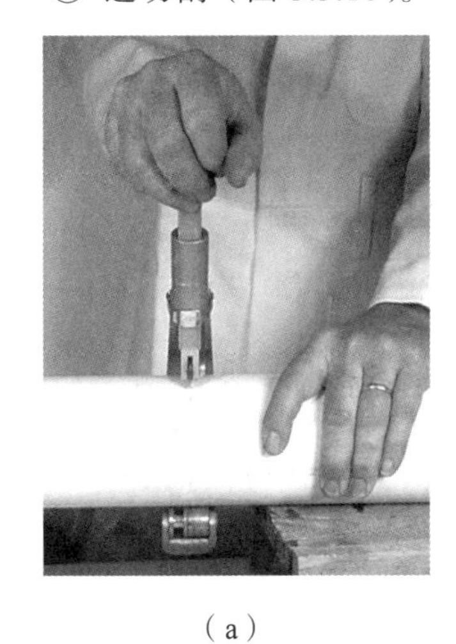

（a）

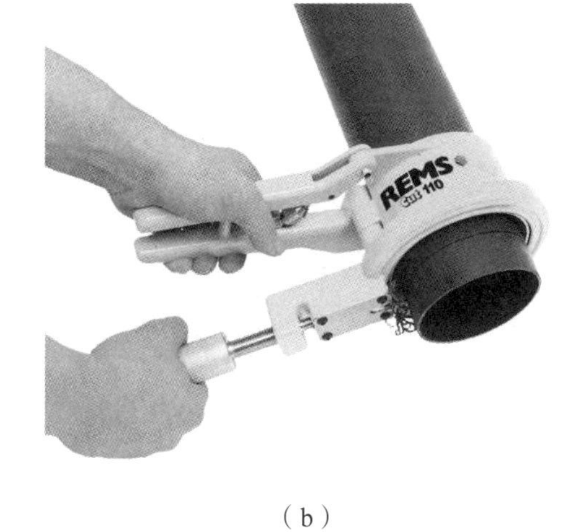

（b）

图 3.3.16　道切割

② 管道清洁与倒角（图 3.3.17）。

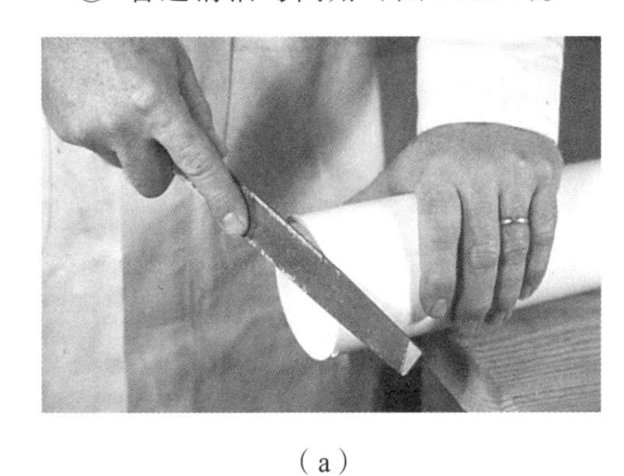

（a）

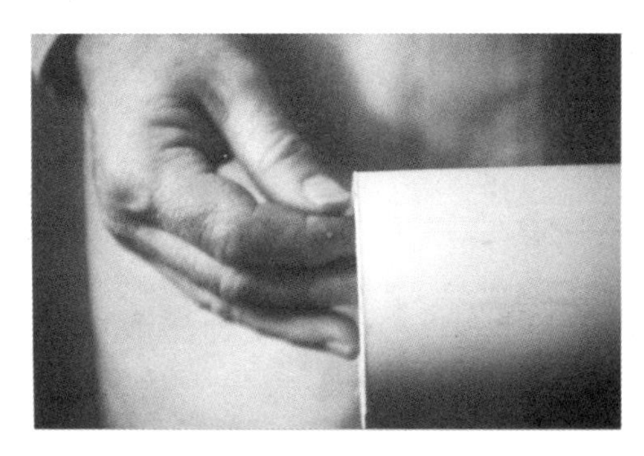

（b）

图 3.3.17　管道清洁与倒角

③ 管道清洁与验管（图 3.3.18）。

（a）

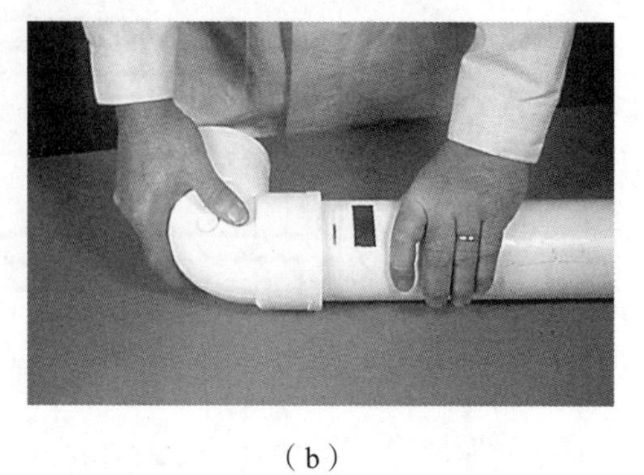

（b）

图 3.3.18　管道清洁与验管

④ 管道涂胶（图 3.3.19）。

（a）

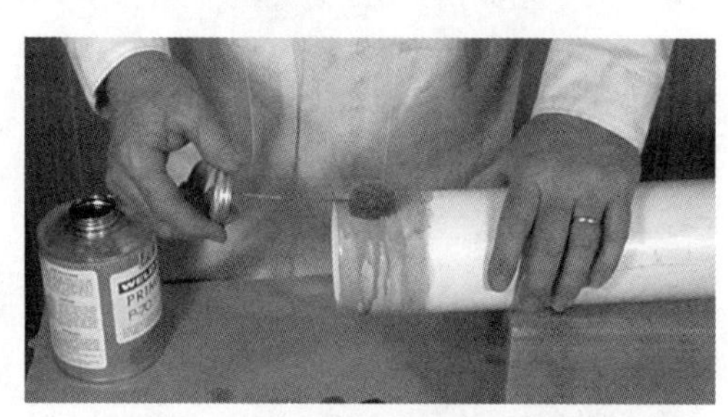

（b）

图 3.19　管道涂胶

⑤ 管道粘接（图 3.3.20）。

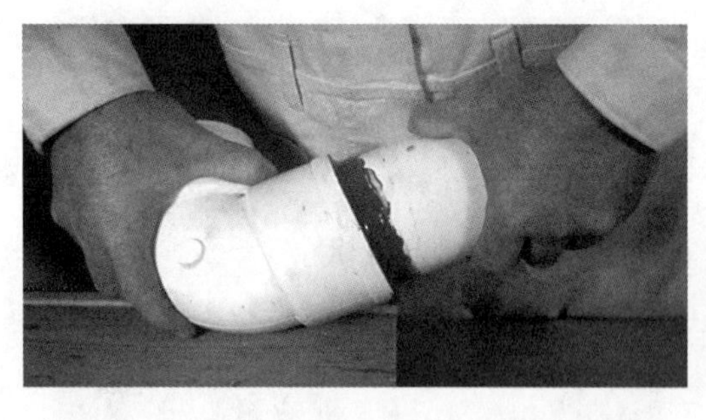

（a）

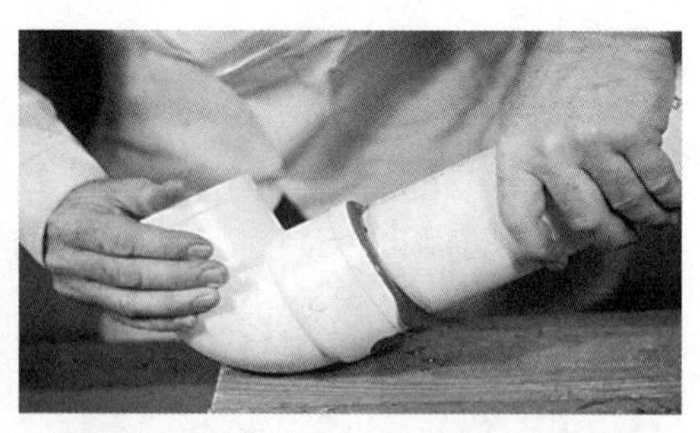

（b）

图 3.3.20　管道粘接

（3）斜度环连接（斜度法兰）（图 3.3.21）。

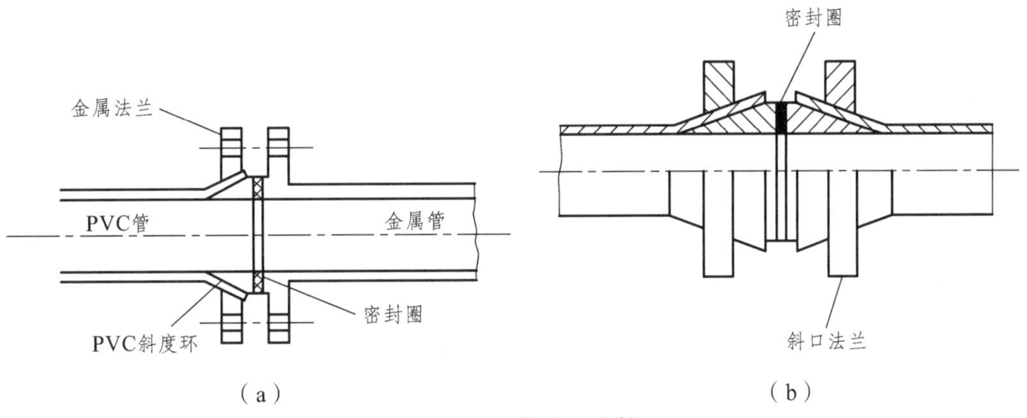

图 3.3.21　斜度环连接

（4）法兰连接（图 3.3.22）。

（a）　　（b）

图 3.3.22　法兰连接

讨　论

什么是喷灯？

3.3.4　塑料管道安装质量检查

1. 检查内容

（1）管材与配件检查。

（2）接口检查（图 3.3.23）。

（3）强度与严密性检查。

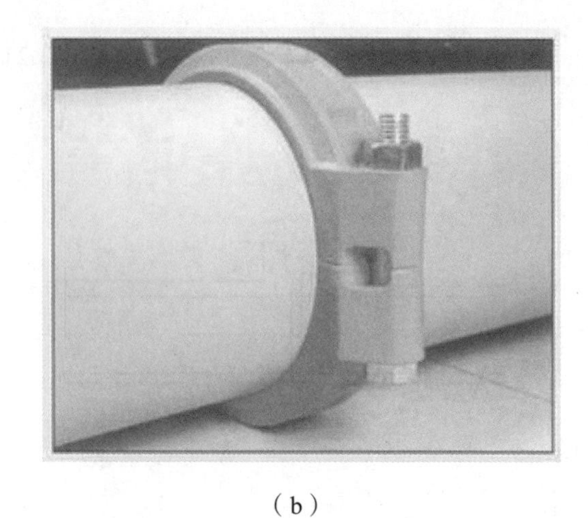

（a）　　（b）

图 3.3.23　接口检查

2. 管材与配件检查

（1）质量检查。

（2）数量检查。

（3）型号检查。

3. 接口检查

（1）橡胶圈接口。

橡胶圈的位置、橡胶圈无扭曲、橡胶圈无断裂。

（2）焊接接口（热熔、电熔）（图 3.3.24）。

焊缝的完整性；焊缝无气泡、裂缝；凸缘大小一致；内翻边应铲平。

对接错边量应符合规定：不大于壁厚的 10%；且不大于 3 mm。

（a）　　（b）

图 3.3.24　焊接接口

（3）粘接接口（图 3.3.25）。

涂胶均匀、环向间隙均匀、外溢均匀。

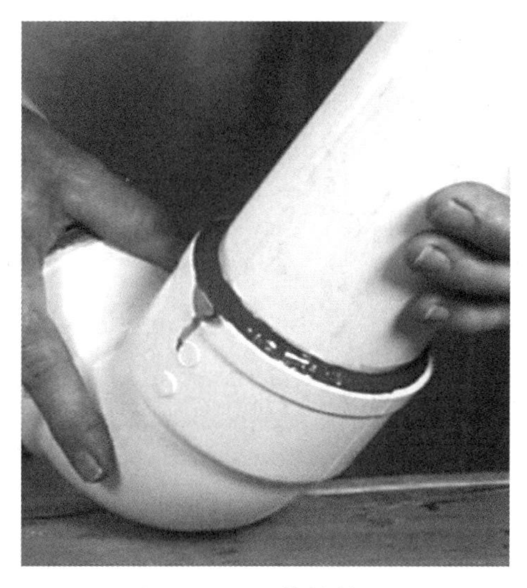

图 3.3.25　粘接接口

（4）卡箍、法兰接口。

位置正确；安装牢固；安装无扭曲、变形。

（5）热收缩带接口（图 3.3.26）。

位置正确；紧贴管道；无气泡、空鼓；无裂纹。

（a）

（b）

图 3.3.26　热收缩带接口

4. 强度与严密性检查（图 3.3.27）

（1）压力管道：水压试验、气压试验。

（2）无压力管道：闭水试验、闭气试验。

图 3.3.27　强度与严密性检查

3.3.5　塑料管道土方回填

1. 回填前的准备

（1）检查管道：有无损伤和变形。

（2）回填土的准备 （图 3.3.28）。

图 3.3.28　回填土的准备

2. 规范相关规定

（1）管道内径大于 800 mm，土方回填时，管内应设竖向支撑 （图 3.3.29）。

图 3.3.29　管内设竖向支撑

（2）采用中粗砂垫层（图 3.3.30）。

（a）　　（b）

图 3.3.30　中粗砂垫层

（3）管基有效支撑角范围，必须用中粗砂（图 3.3.31）。

（a）　　（b）

图 3.3.31　管基有效支撑角范围内采用中粗砂

（4）管道半径以下回填，应防管道上浮（图 3.3.32）。

（a）

（b）

图 3.3.32　防止管道上浮

（5）管道半径以下回填，应防止管道位移（图 3.3.33）。

（a）

（b）

图 3.3.33　防止管道位移

（6）管道两侧应同时回填 （图 3.3.34）。

（a）

（b）

图 3.3.34　管道两侧应同时回填

（7）分段回填应留茬，呈台阶状（图 3.3.35）。

图 3.3.35　留茬

（8）不要集中还土，换土量每层虚铺量（图 3.3.36）。

图 3.3.36　分层铺筑

（9）预留足够工作面（图 3.3.37）。

图 3.3.37　工作面

（10）管顶 0.5 m 以下应采用人工回填 （图 3.3.38）。

图 3.3.38　人工回填

（11）管道变形率（图 3.3.39）应≤5%。

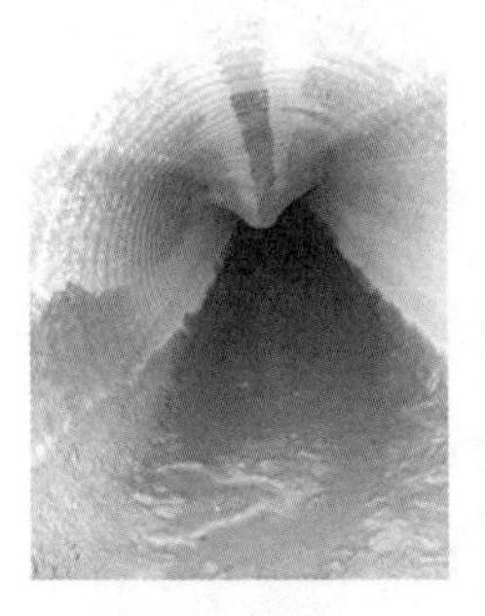

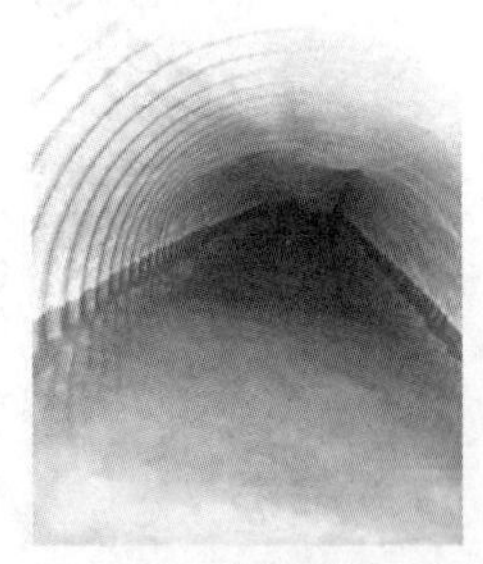

图 3.3.39　管道变形

（12）管顶 0.5 m 范围，回填土最大粒径≤40 mm。

（13）钢板桩拔除后，应及时回填。

回填不当如图 3.3.40 所示。

（a）

（b）

图 3.3.40　回填不当

3.4　课后测试

PE（PVC）的接口形式是什么？

任务 4　市政管道不开槽施工

你将完成的任务

顶管施工的准备；顶管工作坑设置；顶进设备安装施工；顶管顶进施工；顶管测量和校正。

你将收获的知识与能力

（1）掌握管道顶管施工的基本原理。

（2）掌握管道顶管施工内业的基本知识。

（3）掌握管道顶管文明施工、安全施工的基本知识。

（4）能熟练识读顶管工程施工图。

（5）能按照施工图，合理选择管道施工方法。

（6）能进行管道顶管施工方案的编制。

学时要求

14 学时。

4.1　任务准备

引导问题：铸铁管道工程开槽施工的流程有哪些？

（1）施工准备。

（2）沟槽开挖（降水/排水；放坡/支护）。

（3）基础施工（垫层施工）。

（4）管道铺设安装。

（5）管道安装质量检测。

（6）回填土。

4.2　课前测试

讨论：什么是顶管施工？

4.3 交互学习

市政管道穿越铁路、公路、河流、建筑物等障碍物或在城市干道上施工而又不能中断交通以及现场条件复杂不适宜采用开槽法施工时，常采用不开槽法施工。不开槽铺设的市政管道的形状和材料，多为各种圆形预制管道，如钢管、钢筋混凝土管、及其他各种合金管道和非金属管道，也可为方形、矩形和其他圆形的预制钢筋混凝土管沟。管道不开槽施工与开槽施工法相比，不开槽施工减少了施工占地面积和土方工程量，不必拆除地面上和浅埋于地下的障碍物；管道不必设置基础和管座；不影响地面交通和河道的正常通航；工程立体交叉时，不影响上部工程施工；施工不受季节影响且噪音小，有利于文明施工；降低了工程造价。因此，不开槽施工在市政管道工程施工中得到了广泛应用。

不开槽施工一般适用于非岩性土层。市政管道的不开槽施工，最常用的是掘进顶管法。此外，还有挤压施工、牵引施工等方法。施工前应根据管道的材料、尺寸、土层性质、管线长度、障碍物的性质和占地范围等因素，选择适宜的施工方法。

4.3.1 顶管施工

4.3.1.1 顶管施工的准备工作

施工前先在管道两端开挖工作坑（图 4.3.1），再按照设计管线的位置和坡度，在起点工作坑内修筑基础、安装导轨，把管道安放在导轨上顶进。把管道安放在导轨上顶进。顶进前，在管前端开挖坑道，然后用千斤顶将管道顶入。

（a）

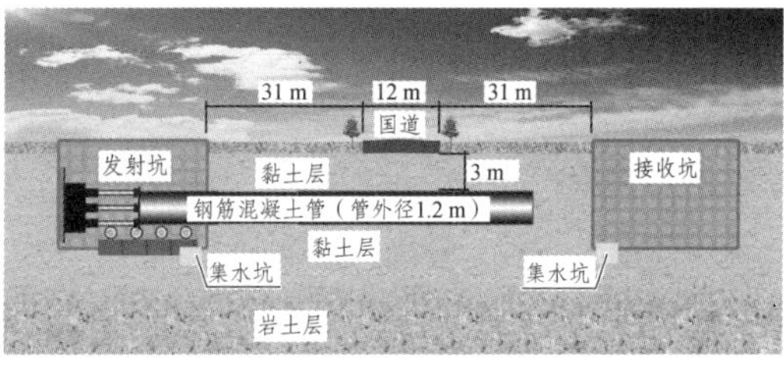

（b）

图 4.3.1 顶管施工的准备工作

1. 顶管工程施工的适用范围

（1）管道穿越铁路、道路、河流、建筑物时。

（2）街道狭窄，两侧建筑物多时。

（3）交通量大的市区街道施工。

（4）地面工程交叉作业、相互干扰时。

（5）管道覆土较深，开槽土方量大时。

2. 与开槽施工相比的优点（图 4.3.2）

（1）占地面积小，不影响交通。

（2）较少拆迁，节约资金。

（3）不影响现有管线。

（4）减少土方，不设管基。

（5）降低工程造价 40%。

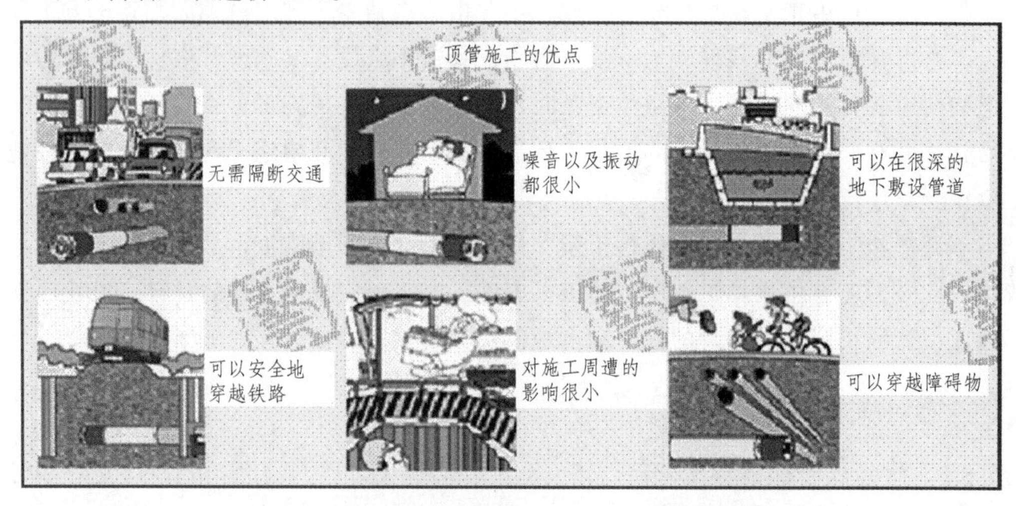

（a）

（b）

图 4.3.2　顶管施工优点

3. 顶管施工的问题

（1）顶管不良致地面下沉。

（2）水文与地质资料要详细准确。

（3）复杂地质情况，造价高。

4. 顶管施工的构造组成（图 4.3.3）

（1）工作坑：顶进坑、接受坑。

（2）工具管（顶管机）。

（3）机头（顶进管）。

（4）其他。

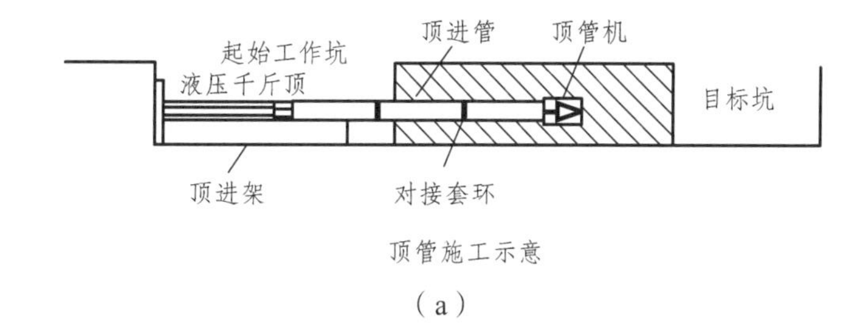

（a）

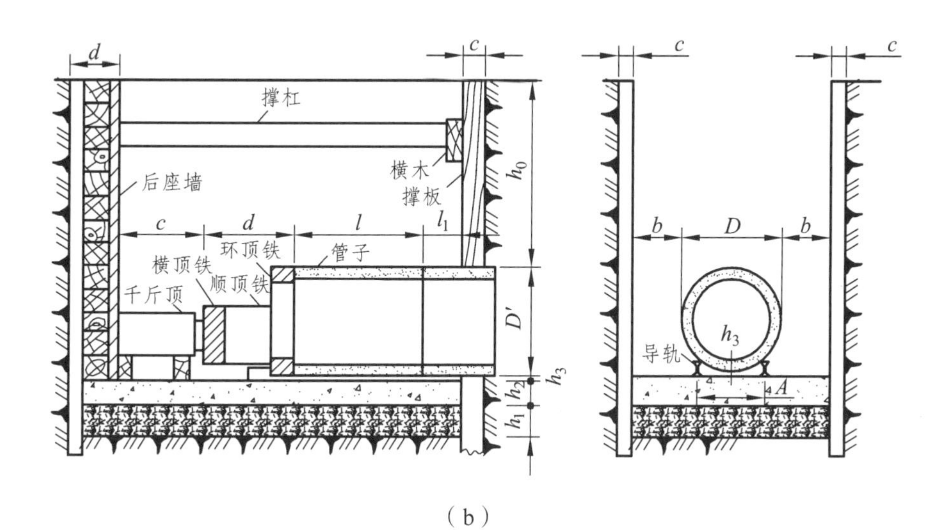

（b）

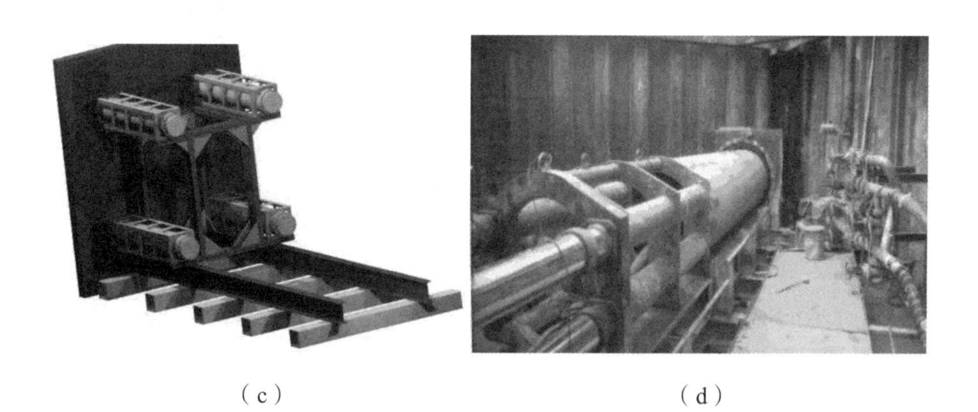

（c）　　　　（d）

(e)

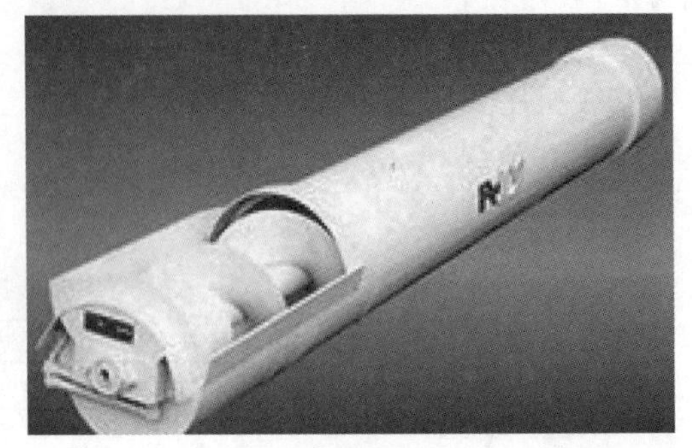

(f)

图 4.3.3　顶管施工的构造组成

5. 顶管施工的准备工作

（1）对地质勘查报告进行学习。

（2）查清顶管沿线的地下障碍物。

（3）管道穿越的地上建筑物的防护。

（4）做施工组织设计方案。

（5）建立各类安全生产管理制度。

（6）人、材、机的准备。

4.3.1.2　顶管工作坑的设置

1. 顶管施工的分类

（1）人工掘进顶管法（图 4.3.4）。

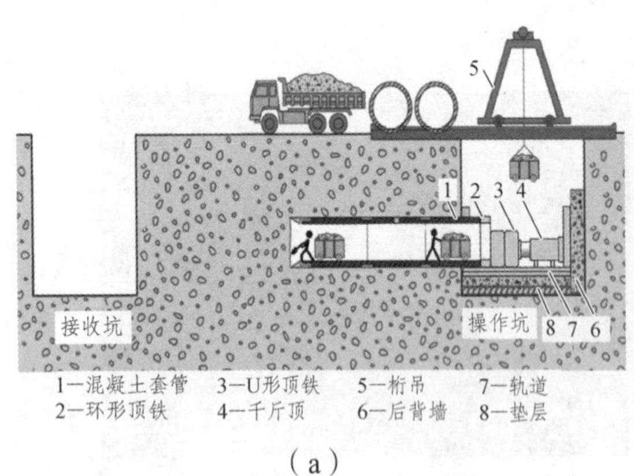

(a)

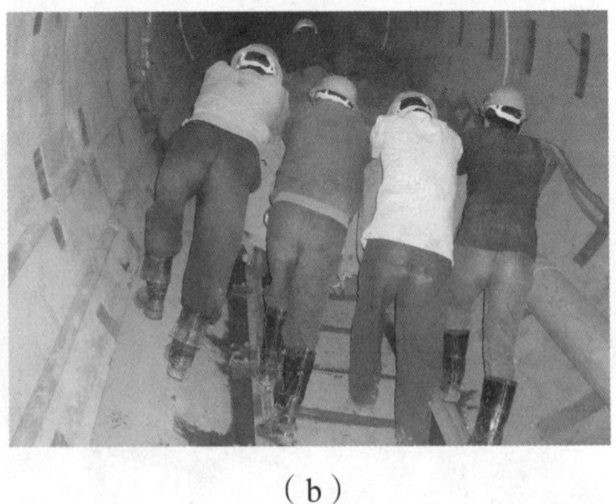

(b)

图 4.3.4　人工掘进顶管

（2）机械掘进顶管法（图 4.3.5）。

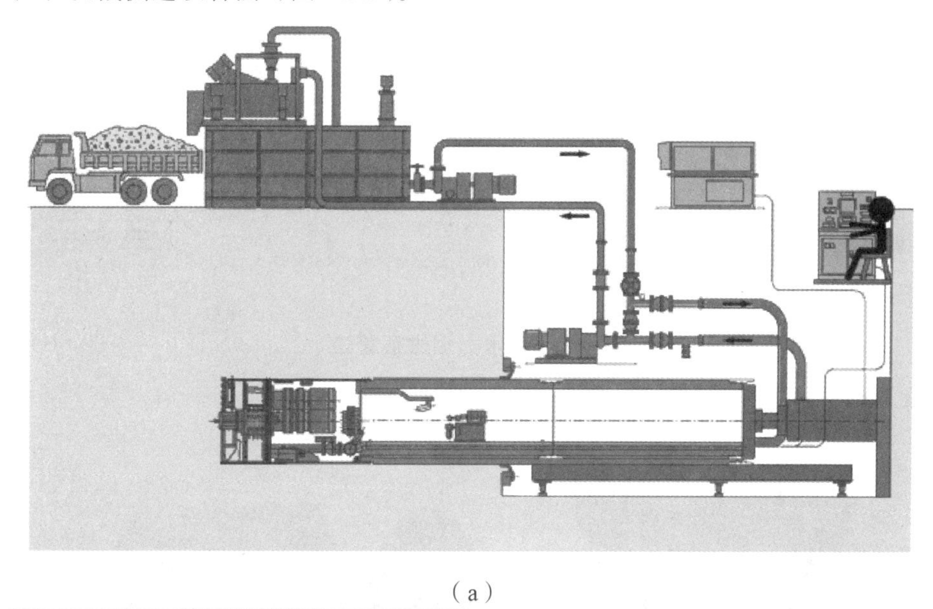

（a）

（b）

（c）

图 4.3.5　机械掘进顶管

（3）水力掘进顶管法（泥水平衡式）（图 4.3.6）。

（a）

（b）

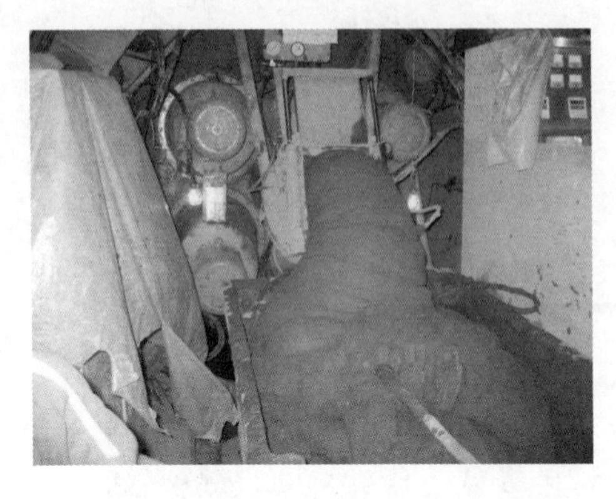

（c）

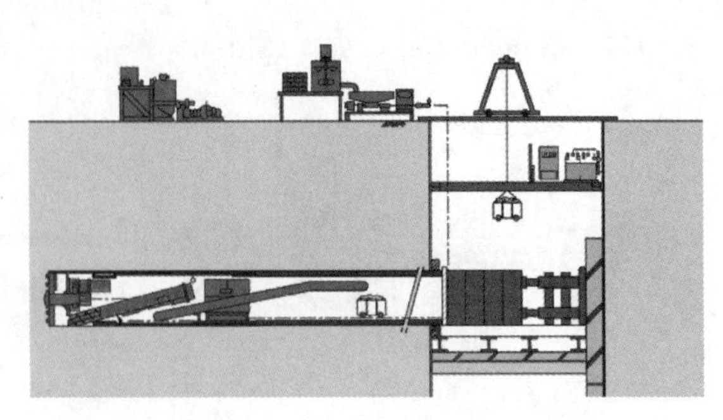

（d）

图 4.3.6　水力掘进顶管法

（4）挤压式顶管法（图 4.3.7）。

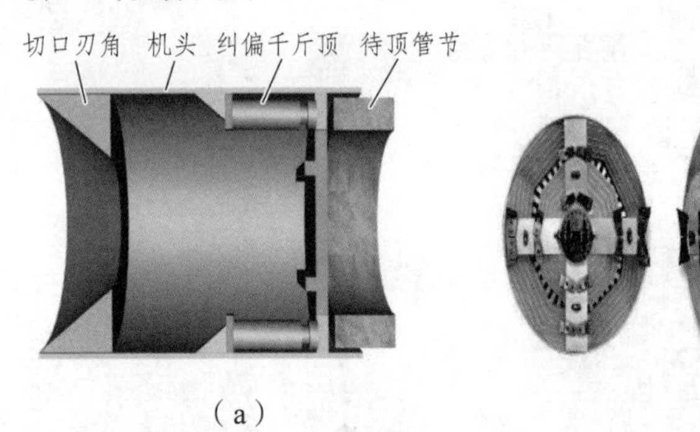

（a）　　　　（b）

图 4.3.7　挤压式顶管法

三种平衡理论：土压平衡、泥水平衡、气压平衡。

2. 顶管施工方案的内容

（1）工作坑的设置。

（2）掘进和出土的方法。

（3）下管方法。

（4）顶进设备选择。

（5）排水降水。

（6）每节管长。

（7）施工质量保证。

（8）施工安全措施。

3. 人工掘进顶管法

（1）管径应大于 900 mm。

（2）管道：企口管、平口管。

常用：加厚企口钢筋混凝土管。

（3）工具管形式（图 4.3.8）。

全敞开式：较坚硬土层。

半敞开式：土质较软的土层。

格栅式：地下水位高的土层。

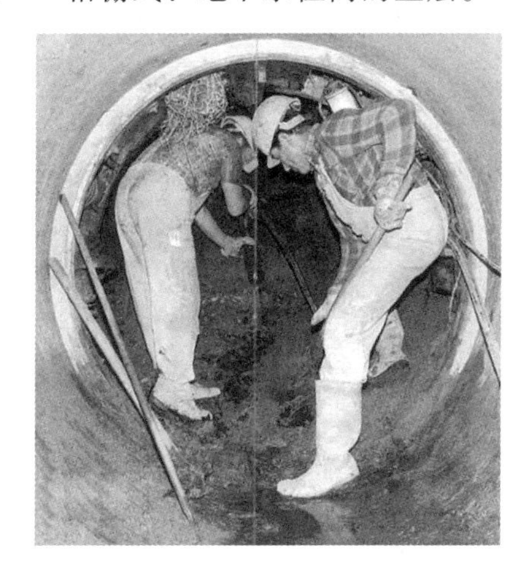

（a）

（b）

（c）

图 4.3.8　工具管形式

4. 工作坑的设置

（1）位置选择（图 4.3.9）。

可选择在检查井处；可选择在管道下游端；有无可利用的原土后背；与被穿越的建筑物保持一定安全距离；距水电较近的地方；最周围环境影响较小的地方。

图 4.3.9　位置选择

（2）工作坑的种类。

工作坑分为单向坑、双向坑、交汇坑、多向坑，分别对应图 4.3.10 中 1、2、3、4。

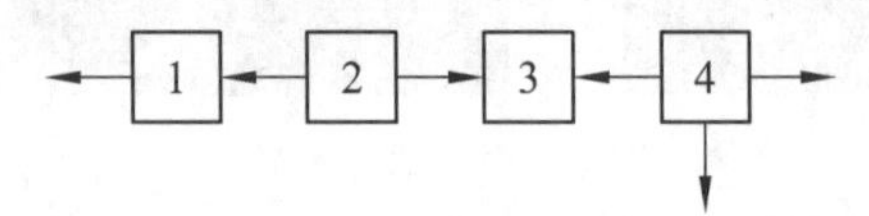

图 4.3.10　工作坑的种类

（3）工作坑的尺寸。

与管径大小、管节长度、覆盖深度、顶进形式、施工方式有关，并且受土的性质、地下水等条件影响。

讨　论

工作坑的长度如何选择？工作坑的宽度如何选择？工作坑的深度如何选择？

（4）工作坑的施工（图 4.3.11）。

① 开槽式工作坑（支撑式工作坑）。

适用：任何土质，不受地下水影响，开挖深度不大于 7 m 为宜。

（a）

（b）

（c）

图 4.3.11　工作坑的施工

② 沉井式工作坑（图 4.3.12）。

适用：在地下水位以下施工。

（a）　（b）

（c）　（d）

图 4.3.12　沉井式工作坑

（3）连续墙式施工（图 4.3.13）。

与沉井相比，可节约一半造价。

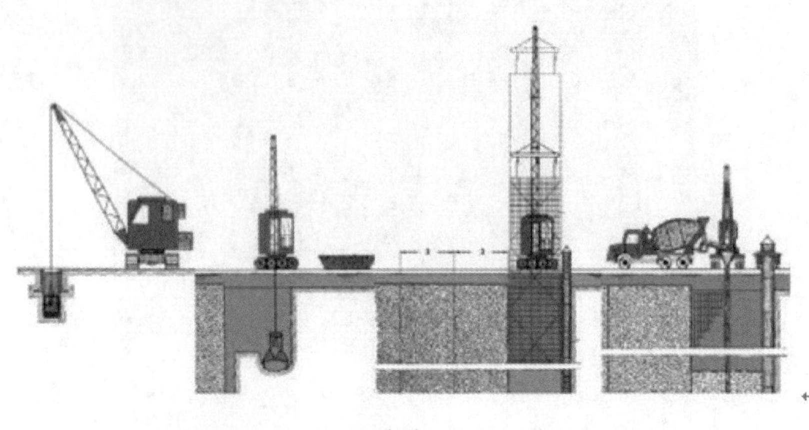

（a）

（b）

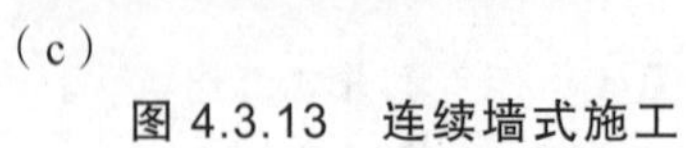

（c）　　（d）

图 4.3.13　连续墙式施工

5. 导轨施工（图 4.3.14）

要求：牢固、准确，符合管子中心、高程、坡度要求。

材料：木导轨。

钢导轨：重轨、轻轨。

种类：固定导轨。

滚轮导轨：混凝混凝土管、外设防腐层钢轨。

（a）

（b）

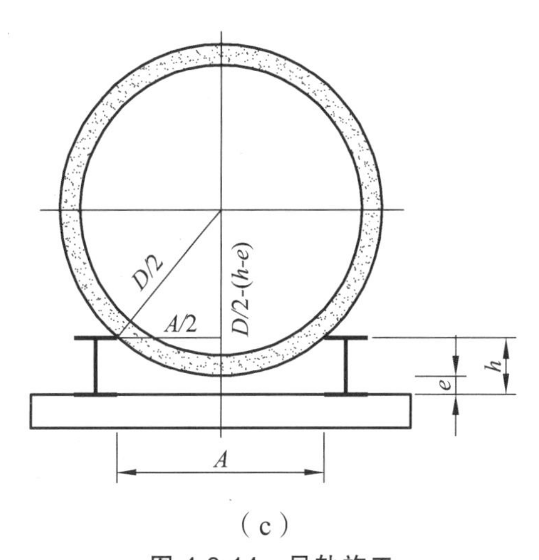

（c）

图 4.3.14 导轨施工

6. 基础施工

（1）枕木基础（图 4.3.15）。

（2）卵石木枕基础。

（3）混凝土木枕基础。

图 4.3.15　枕木基础

考虑因素：地基土的种类、管节的轻重、地下水位高低。

适用：

土基木枕基础：土基承载力大，无地下水。

卵石木枕基础：地下水渗透量不大；地基土为细粒的粉砂土。

混凝土木枕基础：地下水位高；地基承载力差。

7. 后背与后背墙

（1）组成：后背、后背墙（图 4.3.16）。

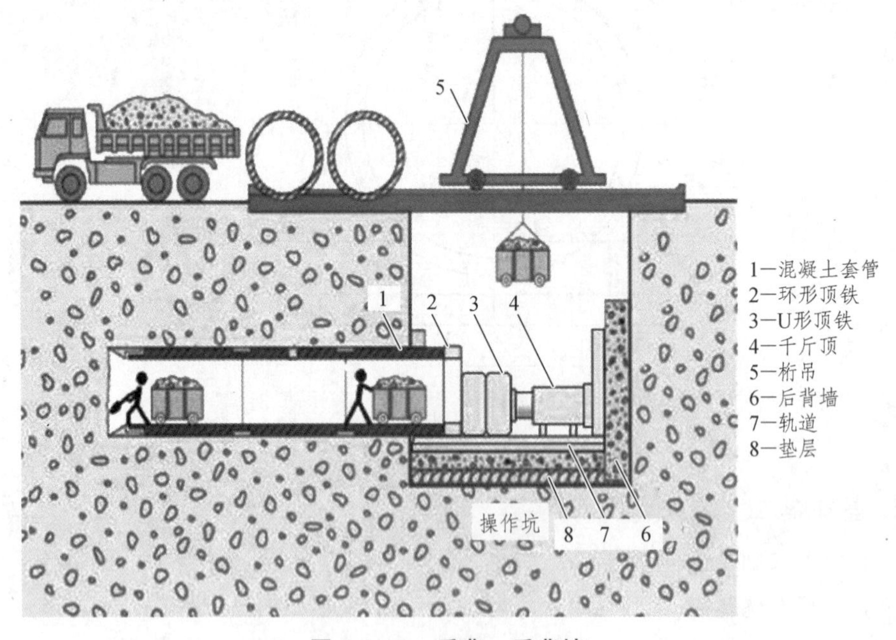

图 4.3.16　后背、后背墙

（2）要求。

有足够的强度、刚度、稳定性；不应产生相对位移和弹性变形。

（3）后背。

组成：方木、立铁、横铁。

作用：减少对后背墙单位面积的压力。

要求：与后背墙紧密接触；高宽应依据后坐力大小和后背墙承载力大小确定；方木应卧到工作坑以下 0.5 ~ 1.0 m。

（4）后背墙。

① 原土后背墙：

适用：顶力小、土质好、无地下水。

土质：黏土、亚黏土、砂土。

② 人工后背墙（图 4.3.17）：块石后背墙、方木后背墙、混凝土管后背墙。

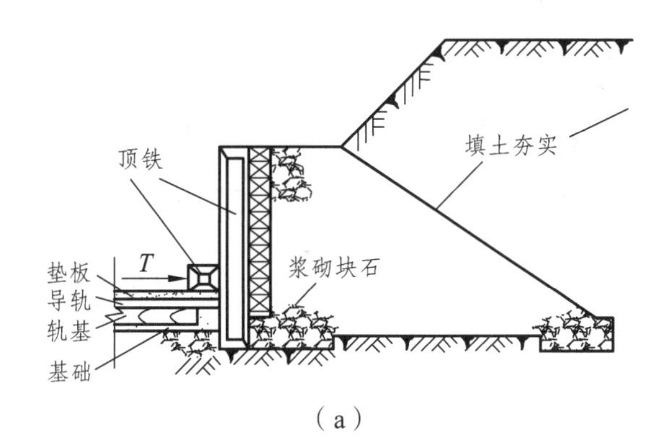

（a）

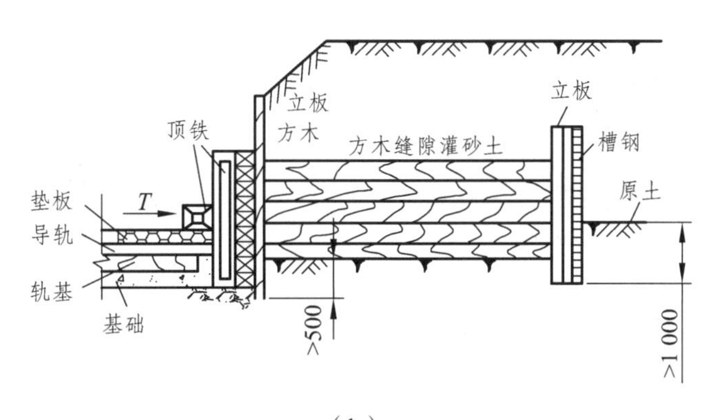

（b）

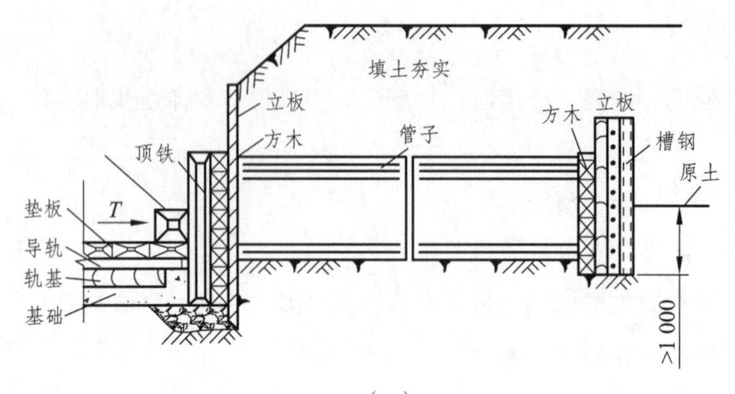

（c）

图 4.3.17　人工后背墙

8. 工作坑的附属设施（图 4.3.18）

（1）工作台。

（2）工作棚。

（3）顶进口装置。

（a）

（b）

图 4.3.18　工作坑的附属设施

4.3.1.3 顶进设备的安装

1. 顶进设备的组成（图 4.3.19）

顶进设备主要由千斤顶、液压油泵（高压）、顶铁等组成。

图 4.3.19 顶进设备的组成

2. 千斤顶（图 4.3.20）

① 分类：机械千斤顶、液压千斤顶。

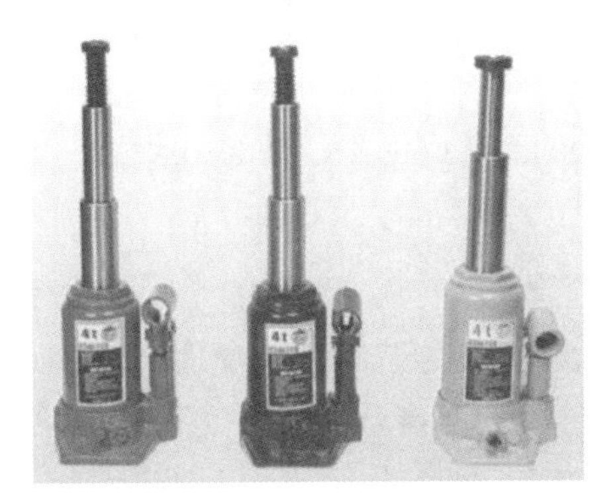

图 4.3.20 千斤顶

② 布置形式：单列、并列、环周（图 4.3.21）。

③ 布置数量：出单列，应偶数。

（a） （b）

（c）

图 4.3.21　布置形式

④ 要求：

顶力合力作用点和管壁合力作用点应在同一轴线上。

顶力≥工具管的迎面阻力+管道周围土压力对管道产生的阻力+管道自重与周围土层产生的阻力。

⑤ 常用千斤顶。

顶力：1 000 kN，2 000 kN，3 000 kN，4 000 kN。

顶程：不小于 1 m。

3. 高压油泵（图 4.3.22）

千斤顶的动力源；布置应靠近千斤顶；应和千斤顶匹配。

图 4.3.22　高压油泵

4. 顶铁（图 4.3.23）

（1）目的：弥补千斤顶的行程不足；使千斤顶的合力均匀分布在管段；调节千斤顶和管端的距离。

图 4.3.23　顶　铁

（2）要求：两面平整；厚度均匀；足够的刚度和强度。

（3）形状（图 4.3.24）：U 形顶铁、弧形顶铁、环形顶铁、横向顶铁。

（a）　（b）

（c）　（d）

图 4.3.24　顶铁形状

4.3.1.4 顶管施工接口

1. 接口类型

（1）临时连接。

（2）永久接口。

2. 临时连接

图 4.3.25 所示为钢内胀圈临时连接。

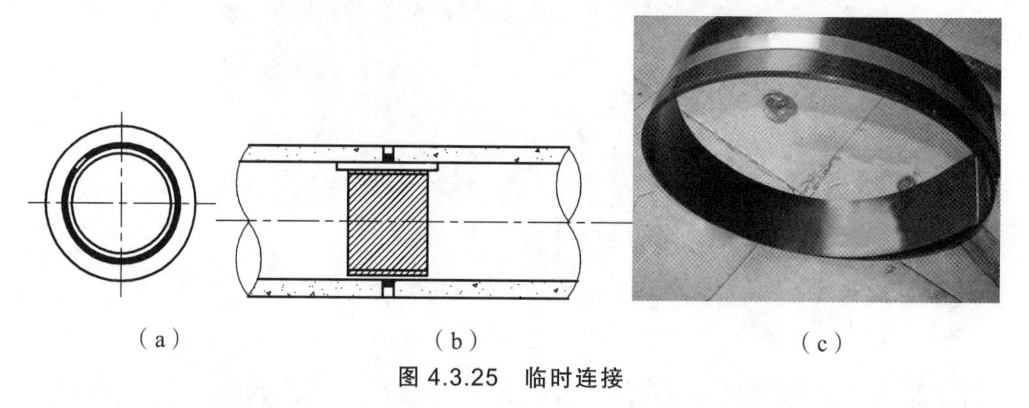

图 4.3.25 临时连接

3. 永久接口

（1）钢管接口:焊接接口（图 4.3.26）。

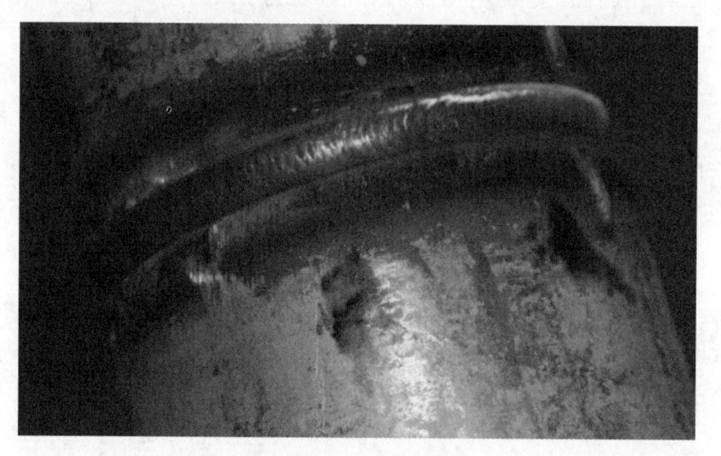

图 4.3.26 焊接接口

（2）钢筋混凝土管接口（图 4.3.27）。

① 油麻石棉水泥接口。

② 橡胶圈接口。

③ T 形接口。

④ F 形接口。

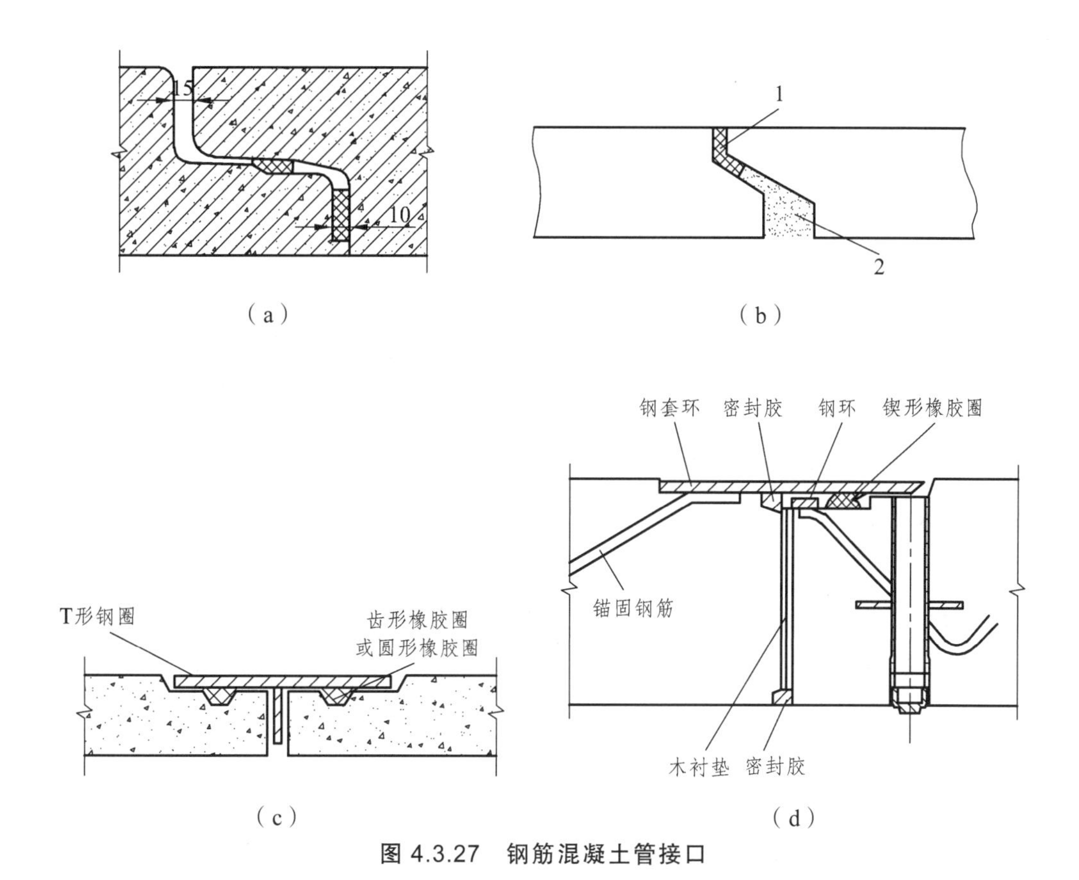

图 4.3.27　钢筋混凝土管接口

4.3.1.5　人工掘进法顶管施工

施工前先在管道两端开挖工作坑（图 4.3.28），再按照设计管线的位置和坡度，在起点工作坑内修筑基础、安装导轨，把管道安放在导轨上顶进。把管道安放在导轨上顶进。顶进前，在管前端开挖坑道，然后用千斤顶将管道顶入。

图 4.3.28　人工掘进法顶管施工

施工流程：测量→下管就位→管前挖土和运土→顶进→测量→纠偏→顶管接口。

1. 下管就位（图 4.3.29）

准备工作：导轨复测、管道检查。

下管：放置在导轨上、复测中心线和高程、安装顶铁。

图 4.3.29　下管就位

2. 管前挖土和运土（图 4.3.30）

图 4.3.30　挖土和运土

特别提示

影响顶进管位的正确性。

（1）挖土直径。

一般应和管外径一致；上方有建筑物，不许超挖。

密实土：管端上方可超挖≤15 mm；管端下方 135°范围内不得超挖（图 4.3.31）。

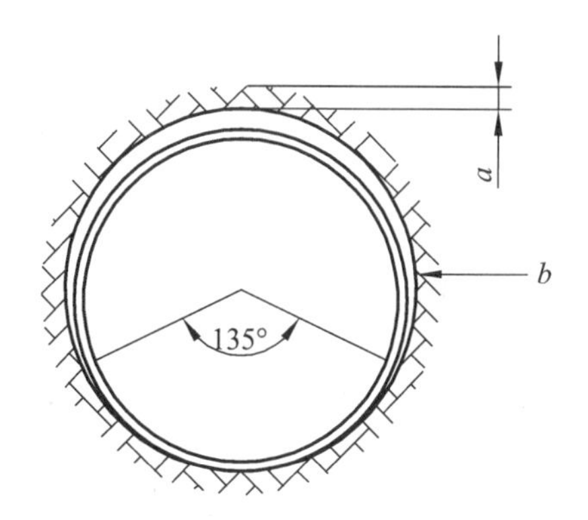

图 4.3.31　挖土范围

（2）挖土深度（图 4.3.32）=千斤顶冲程长度。

铁路下方：超前挖 0.1 m，随挖随顶。

其他下方：超前挖 0.3 m。

可加管檐，防塌方。

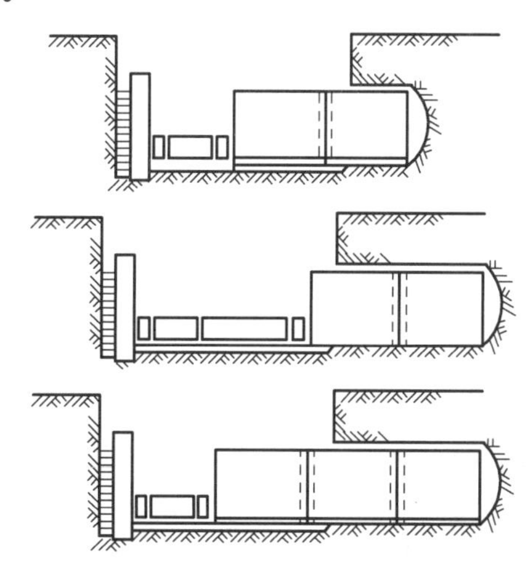

图 4.3.32　挖土深度

（3）运土方式（图 4.3.33）：水平运输、垂直运输。

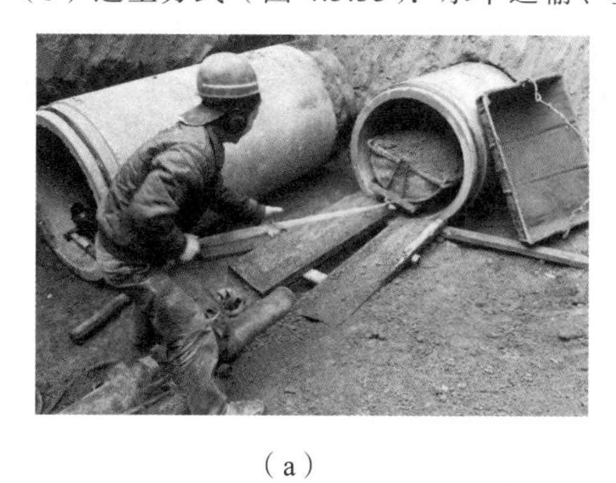

（a）

（b）

图 4.3.33　运土方式

3. 管道顶进

管道顶进如图 4.3.34 所示。

（a）

（b）

图 4.3.34　管道顶进

特别提示

注意先挖后顶、随挖随顶、先慢后快、随测随纠偏。

4. 管道测量

（1）测量管道中心线。

打中心线桩、垂球拉线法（管道较短）、经纬仪测量法（管段较长）。

（2）测量管底高程（图 4.3.35）。主要采用水准仪测量法。

（a）

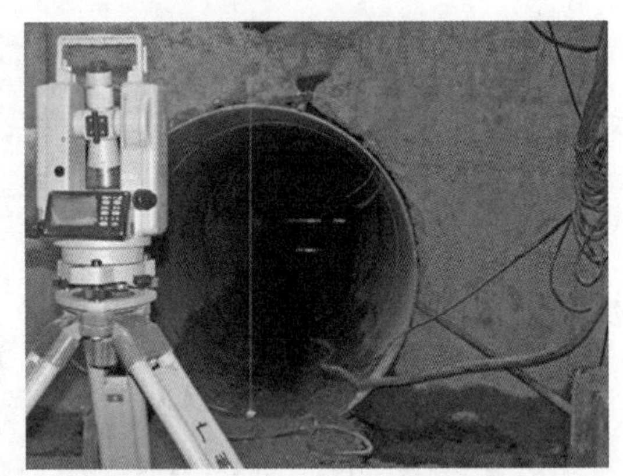

（b）

图 4.3.35　水准仪测量法

（3）测量次数。

首节管道：0.2 ~ 0.3 m 测一次。

其他节：0.5 ~ 1.0 m 测一次。

（4）顶管允许偏差：小于 5 mm。

5. 顶管纠偏（图 4.3.36）

偏差 10 mm 左右，需要纠偏。

方法：超挖校正法、顶木校正法、千斤顶校正法、工具管校正法、枕垫校正法、激光导向校正法。

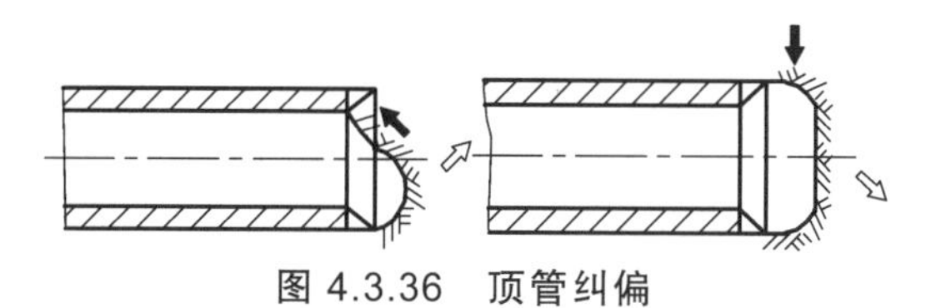
图 4.3.36　顶管纠偏

6. 顶管接口

（1）钢管接口（图 4.3.37）。

焊接接口：壁厚小于 6 mm，平焊缝；壁厚 6 ~ 14 mm，V 形焊缝；壁厚大于 14 mm，X 形焊缝。

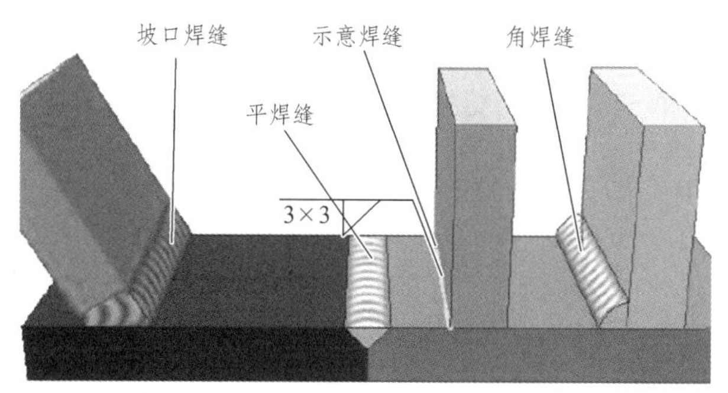

图 4.3.37　钢管接口

（2）钢筋混凝土管接口。

① 临时接口，多采用钢内胀圈连接。

② 永久接口（图 4.3.38）。

平口管：油麻-弹性密封胶接口、T 形接口[图 4.3.27（c）]。

图 4.3.38　永久接口

企口管：油麻-弹性密封胶接口、橡胶圈接口（图 4.3.39）。

图 4.3.39　企口管

4.3.1.6　机械取土掘进顶管施工

1. 机械取土掘进方法

（1）切削掘进。

（2）水平钻进。

（3）纵向切削挖掘。

（4）水力掘进。

2. 切削掘进（伞式）（图 4.3.40）

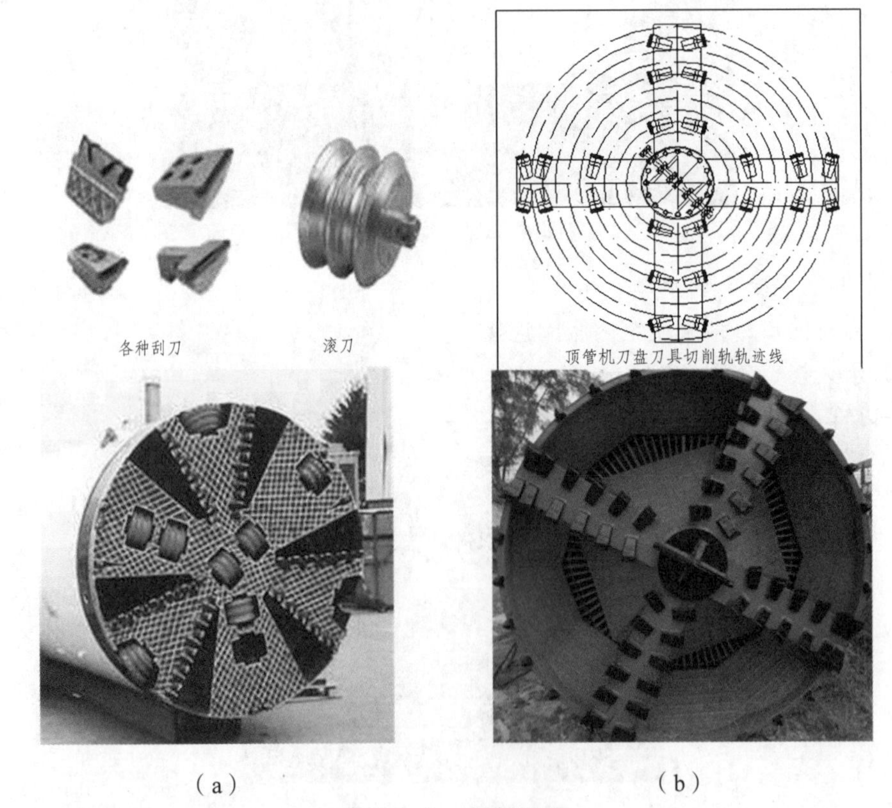

（a）　（b）

图 4.3.40　切削掘进

3. 水平钻进（螺旋）（图 4.3.41）

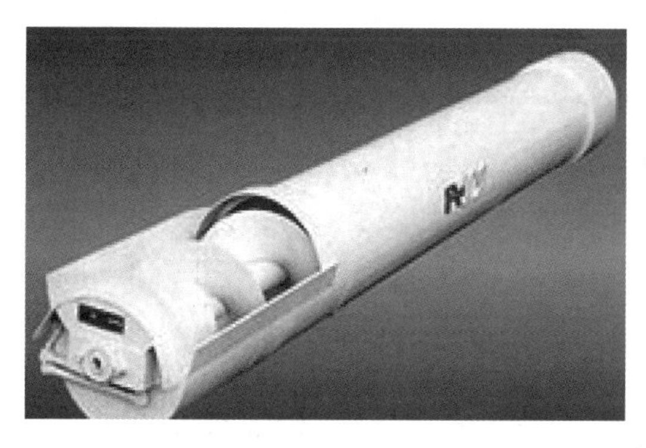

（a）

（b）

图 4.3.41 水平钻进（螺旋）

4. 纵向切削挖掘（机械手）（图 4.3.42）

（a）

（b）

图 4.3.42 纵向切削挖掘（机械手）

5. 水力掘进（图 4.3.43）

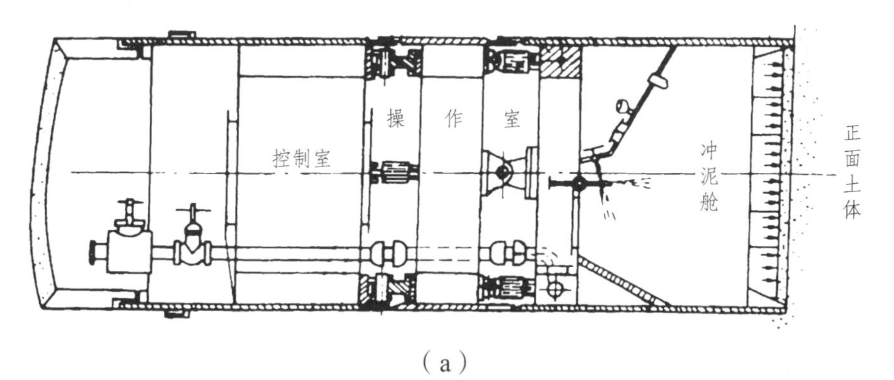

（a）

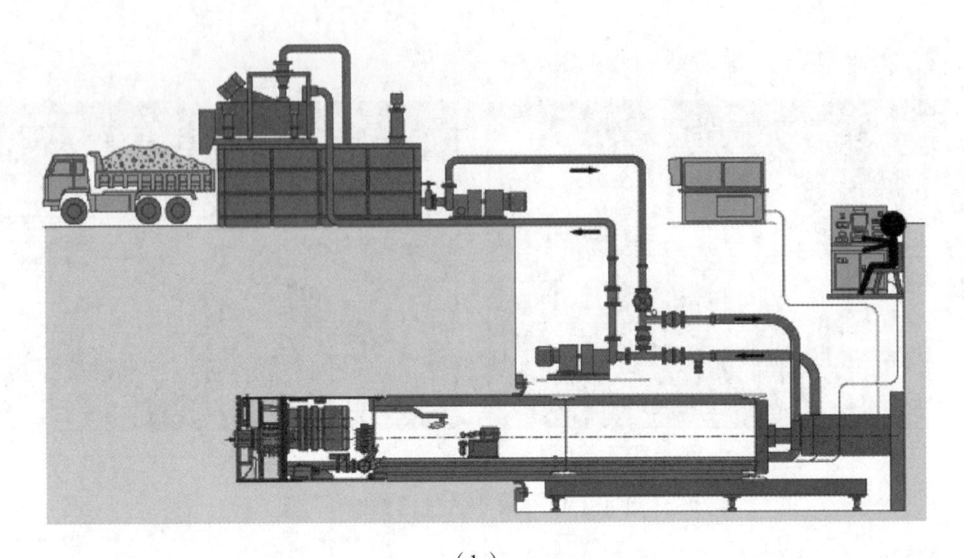

（b）

图 4.3.43　水力掘进

（1）钻进设备（图 4.3.44）。

钻进设备主要包括封板、喷射管、真空室、高压水枪、排泥系统。

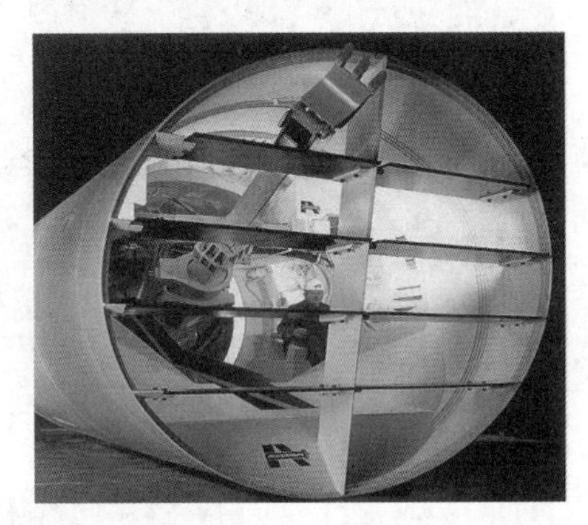

图 4.3.44　钻进设备

（2）适用范围：管径 2 400 mm 以下；黏性土、流沙层；地下水位高；地面变形量 15 cm。

（3）难点：宜偏、操作技术要求高。

讨　论

水力掘进是先顶后切，还是先切后顶？

6. 挤压土顶管

（1）出土挤压（图 4.3.45）。

适用：管径 1.0 ~ 1.65 m、松散土层、地面变形量 10 ~ 20 cm。

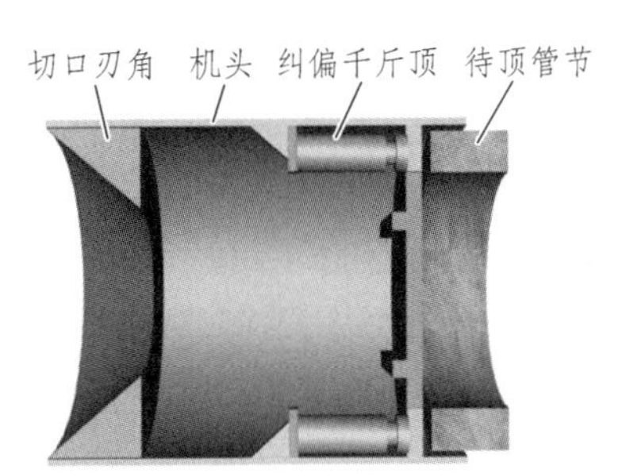

（a）

（b）

图 4.3.45　出土挤压

（2）不出土挤压　（图 4.3.46）。

适用：管径不大于 0.3 m；金属管；黏性土、粉土；地面变形量 10 cm。

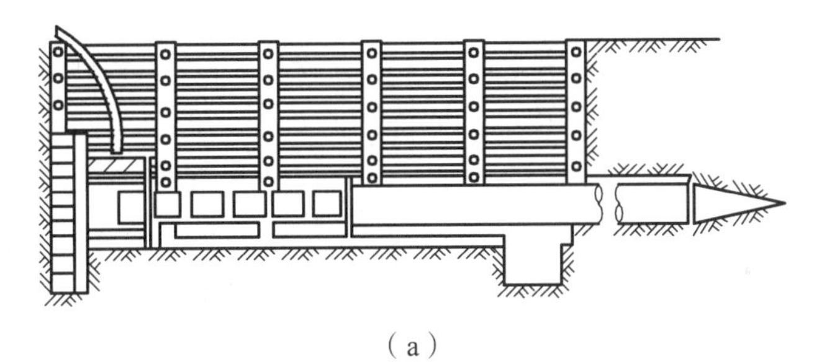

（a）

（b）

图 4.3.46　不出土挤压

4.3.1.7　顶管测量和校正

讨　论

管道顶进前对导轨有什么要求？ 在顶进过程中必须不断观测管节的轨迹。

1. 顶管测量

（1）水准仪平面与高程位置。

（2）垂球法测平面与高程位置。

（3）激光经纬仪测平面与高程位置。

（4）测量次数。

2. 顶管校正

（1）要求。

勤顶、勤挖、勤测、勤纠。

（2）校正方法。

① 超挖校正。

② 斜撑校正。

③ 工具校正。

④ 衬垫校正。

4.3.2 长距离顶管施工

4.3.2.1 长距离顶管技术

顶管施工的一次顶进长度取决于顶力大小、管材强度、后背强度和顶进操作技术水平等因素。一般情况下，一次顶进长度不超过 60 ~ 100 m。在市政管道施工中，有时管道要穿越大型的建筑群或较宽的道路，此时顶进距离可能超过一次顶进长度。因此，需要研究长距离顶管技术，提高在一个工作坑内的顶进长度，从而减少工作坑的个数。长距离顶管一般有中继间顶进、泥浆套顶进和覆蜡顶进等方法。

1. 中继间顶进

中继间是一种在顶进管段中设置的可前移的顶进装置，它的外径与被顶进管道的外径相同，环管周等距或对称非等距布置中继间千斤顶，如图 4.3.47 所示。

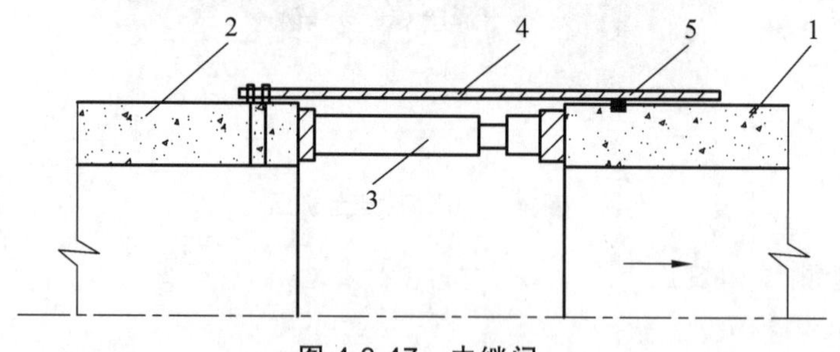

图 4.3.47 中继间

1—中继间前管；2—中继间后管；3—中继间千斤顶；4—中继间外套；5—密封环

采用中继间施工时，在工作坑内顶进一定长度后，即可安设中继间。中继间前面的管道用中继间千斤顶顶进，而中继间及其后面的管道由工作坑内千斤顶顶进，如此循环操作，即可增加顶进长度，如图 4.3.48 所示。顶进结束后，拆除中继间千斤顶，而中继间钢外套环则留在坑道内。

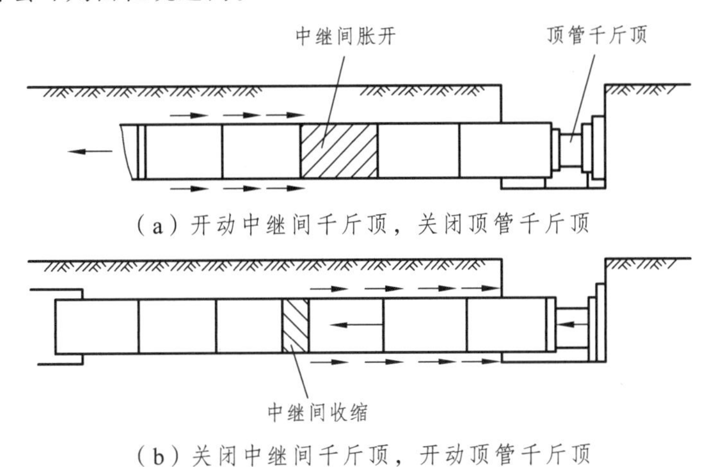

（a）开动中继间千斤顶，关闭顶管千斤顶

（b）关闭中继间千斤顶，开动顶管千斤顶

图 4.3.48　中继间顶进

由此可见，中继间顶进并不能提高千斤顶一次顶进长度，只是减少工作坑数目，安装一个中继间，可增加一个一次顶进长度。安装多个中继间，可用于一个工作坑的长距离顶管。中继间千斤顶的顶力一般不大于 1 000 kN，尽可能做到顶力小台数多，并且周向均匀布置。

2. 泥浆套顶进

该法又称为触变泥浆法，是在管壁与坑壁间注入触变泥浆，形成泥浆套，以减小管壁与坑壁间的摩擦阻力，从而增加顶进长度。

触变泥浆的触变性在于，泥浆在输送和灌注过程中具有流动性、可泵性和承载力，经过一定时间的静置，泥浆固结，产生强度。

触变泥浆是由膨润土掺和碳酸钠加水配制而成。为了增加触变泥浆凝固后的强度，可掺入石灰膏做固凝剂。但为了使施工时保持流动性，必须掺入缓凝剂（工业六糖）和塑化剂（松香酸钠）。

3. 覆蜡顶进

覆蜡顶进是用喷灯在管道外表面熔蜡覆盖，从而提高管道表面平整度，减少顶进摩擦力，增加顶进长度。

根据施工经验，管道表面覆蜡可减少 20%的顶力。但当熔蜡分布不均时，会导致新的“粗糙”增加顶进阻力。

4. 盾构顶管法

在坚硬或密实的土层内顶管，或大直径管道顶进时，管前端阻力很大。为了减轻工作坑内顶进千斤顶的顶进阻力，可采用盾构顶管法施工。该方法是用一特制的顶管盾构在前方切土，并克服迎面阻力，工作坑千斤顶只是用来克服管壁与坑壁间的摩擦阻力，将顶管盾构后面的管子顶入盾尾，由于顶进阻力的减小从而可延长顶进距离。盾构顶管法与一般盾构法的区别是盾构衬砌环内不是安装砌块，而是顶入管子。顶管盾构的构造与一般人工掘进盾构相同，详见任务 5。

此外，为减少工作坑数目，可采用对向顶和双向顶。对向顶是在相邻的两工作坑内对向顶进，使管道在坑道内吻合。双向顶是在一个工作坑内同时或先后向相对两个方向顶进管道。

4.3.2.2 挤压技术

1. 不出土挤压土层顶管

这种方法也称为直接贯入法，是用千斤顶将管道直接顶入土层内，管周围土被挤密而不需要外运。顶进时，在管前端安装管尖，采用偏心管尖可减少管壁与土间的摩擦力。

该法适用于管径较小（一般小于 300 mm）的金属管道的顶进，如在给水管、热力管、燃气管的施工中经常采用，在大管径的非金属排水管道施工中则很少采用。

2. 出土挤压土层顶管

该法是在管前端安装一个挤压切土工具管，工具管由渐缩段、卸土段和校正段三部分组成。顶进时土体在工具管渐缩段被压缩，然后被挤入卸土段并装入弧形运土小车，启动卷扬机将土运出管外。

4.3.2.3 管道牵引不开槽铺设

1. 普通牵引法

该法是在管前端用牵引设备将管道逐节拉入土中的施工方法。

施工时，先在欲铺设管线地段的两端开挖工作坑，在两工作坑间用水平钻机钻成通孔，孔径略大于穿过的钢丝绳直径，在孔内安放钢丝绳。在后方工作坑内进行安管、挖土、出土、运土等工作，操作与顶管法相同，但不需要设置后背设施。在前方工作坑内安装张拉千斤顶，用千斤顶牵引钢丝绳把管道拉向前方，不断地下管、锚固、牵引，直到将全部管道牵引入土为止，普通牵引法适用于直径大于 800 mm 的钢筋混凝土管、短距离穿越障碍物的钢管的敷设。

2. 牵引挤压法

该方法同普通牵引法一样，先在两工作坑间用水平钻机钻成通孔，孔径略大于穿过的钢丝绳直径，在孔内安放钢丝绳。在后方工作坑内安装锥形刃脚，刃脚的直径与被牵引管道的管径相同，安装在管节前端。刃脚通过钢丝绳的牵引先挤入土内，将管前土沿锥形面挤到管壁周围，形成与被牵引管道管径相同的土洞，带动后面的管节沿着土洞前进。

牵引挤压法适用于在天然含水量的黏性土、粉土和砂土中，敷设管径不超过 400 mm 的焊接接口钢管，管顶覆土厚度一般不小于管径的 5 倍，以免地面隆起，牵引距离一般不超过 40 m。

3. 牵引顶进法

牵引顶进法是在前方工作坑内牵引导向的盾头，而在后方工作坑内顶入管道的施工方法。牵引顶进法吸取了牵引和顶进技术的优点，适用于在黏土、砂土，尤其是较硬的土质中，进行钢筋混凝土排水管道的敷设，管径一般不小于 800 mm。由于千斤顶负担的减轻，与普通牵引法和普通顶管法相比，在同样条件下可延长顶进距离。

4. 牵引贯入法

该方法同普通牵引法一样，先在两工作坑间用水平钻机钻成通孔，孔径略大于穿过的钢丝绳直径，在孔内安放钢丝绳。在后方工作坑内安装盾头式工具管，在工具管后面不断焊接薄壁钢管，钢丝绳牵引工具管前行，后面的钢管也随之前行。在钢管前进的过程中，土被切入管内，待钢管全部牵引完毕后，再挖去管内的土。

牵引贯入法适用于在淤泥、饱和亚黏土、粉土类软土中，敷设钢管。管径不小于 800 mm，以便进入管内挖土。牵引距离一般为 40 ~ 50 m，最大不超过 60 m。

4.3.3 非开挖铺管技术简介

4.3.3.1 气动矛法

气动矛法是利用气动冲击矛（靠压缩空气驱动的冲击矛）进行管道的非开挖铺设，施工时先在欲铺设管线地段的两端开挖发射工作坑和目标工作坑，其大小根据矛体的尺寸、管道铺设的深度、管道类型等确定。

管道铺设的方法一般有以下几种：

1. 直接拉入法

这是成孔与铺管同时进行的方法。施工时，将欲铺设的管道通过锥形管接头或用钢丝绳及夹具与冲击矛相连接，如图 4.3.49 所示，在气动矛成孔的同时便将管道直接拉入。当铺管长度较大时，可在发射坑利用紧线夹，并通过钢丝绳或滑轮对管道施加一个辅助的推力，也可用千斤顶提供辅助推力，以免管道从气动矛上脱落。

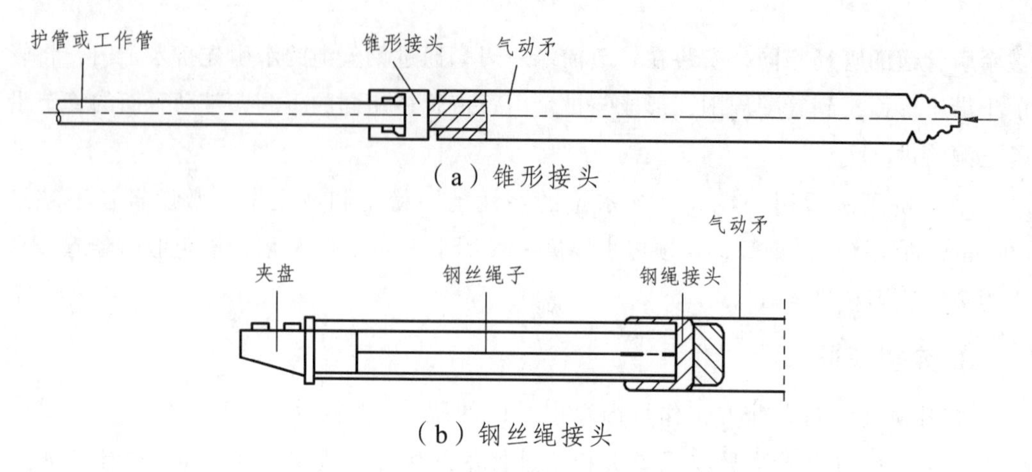

图 4.3.49 直接拉入管道的方法

2. 反向拉入法

这是先成孔，然后反向拉入管道的方法。施工时在目标工作坑中放置管道，当冲击矛成孔达到目标工作坑后，将欲铺设的管道与冲击矛相连接，然后将压缩空气软管旋转 1/4 圈，使冲击矛反向冲击而后退，同时将管道拉入孔内。

3. 先扩孔后拉入法

在管径较大、土层较稳定时，可先用冲击矛形成先导孔，然后在冲击矛上外加一个扩孔套（一般扩孔套的外径与冲击矛的外径之比应小于 1.6），边扩孔边将欲铺设的管道拉入孔内。近年来，为了克服冲击矛施工的盲目性，提高施工精度，先后研制开发了可测式冲击矛和可控式冲击矛，并对矛头进行了一定的改进。

气动矛法一般适用于在无地下水的均质土层中铺设管径为 30 ~ 250 mm 的各种地下管线，如 PVC 管、PE 管、钢管和电缆等，管线长度一般为 20 ~ 60 m。由于该法以冲击挤压的方式成孔，容易造成地表隆起现象。为避免出现地表隆起现象，一般要求地下管线的埋设深度应大于冲击矛直径的 10 倍，如果管线并排平行敷设，相邻管线的距离也应大于冲击矛直径的 10 倍，以免破坏临近管线。

4.3.3.2 夯管法

夯管施工法是指用夯管锤（低频、大冲击功的气动冲击器）将欲铺设的钢管沿设计路线直接夯入地层，实现非开挖穿越铺管。施工时，夯管锤产生的较大的冲击力直接作用于钢管的后端，通过钢管传递到钢管最前端的管鞋上切削土体，并克服土层与管体之间的摩擦力使钢管不断进入土层。随着钢管的夯入，被切削的土芯进入钢管内，待钢管达到目标工作坑后，将钢管内的土用压缩空气或高压水排出，而钢管则留在孔内。

夯管法适用于在不含大卵砾石的各种地层（包括含水地层）中，敷设管径在 50 ~

2 000 mm 的钢管，管线长度一般为 20 ~ 80 m。其优点是对地表的干扰小，设备简单，施工成本低。

4.3.3.3 水平螺旋钻进法

水平螺旋钻进法又称水平干钻法，施工时先开挖工作坑，将螺旋水平钻机安放在工作坑内，由钻机的钻头切土，欲铺设的钢管套在螺旋钻杆之外，由钻机的顶进油缸向前顶进，钢管间焊接连接。在稳定的地层中，当欲铺设的管道较短时，可采用无套管的方式施工，即先成孔后再将欲铺设的管道拉入或顶入孔内。

水平螺旋钻进法适用于在软至中硬的不含水土层、黏土层和稳定的非黏性土层中，敷设钢管或钢套管，其管径一般为 100 ~ 1 500 mm，长度为 20 ~ 100 m。为了防止地表隆起，管道的最小埋深应在 2.0 m 以上。

4.3.3.4 冲击钻进法

当回转钻进的效率低，而且无法进行开挖作业时，可使用冲击钻进法来进行地下管线的敷设。

冲击钻进与水平螺旋钻进的施工工艺基本相同，所不同的是要将回转钻进的机具改为冲击钻进机具。冲击钻进所需的机具主要有钻头组件、续管组件、给进和回转装置、控制装置、液压动力机组和空气压缩机等。

钻头组件由中心钻头、环形扩孔器、气动冲击锤、外套管、回转钻杆组成。

冲击钻进主要用于在岩层和含大块卵砾石的地层中进行管道的敷设，管道直径为 100 ~ 1 250 mm，敷设长度不超过 60 m。

4.3.3.5 水平定向钻进和导向钻进施工法

水平定向钻进技术又称 HDD 技术（Horizontal Directional Drilling），是近年来发展起来的一项高新技术，是石油钻探技术的延伸。主要用于穿越河流、湖泊、建筑物等障碍物，铺设大口径、长距离的石油和天然气管道。

施工时，将钻机牢固地锚固在地面上，把探头装入探头盒内，导向钻头连接到钻杆上，转动钻杆测试探头发射是否正常；回转钻进 2 m 左右后开始按设计的轨迹，先施工一个导向孔，随后在钻杆柱端部换接大直径的扩孔钻头和直径小于扩孔钻头的待铺管线，在回拉扩孔的同时将待铺管线拉入钻孔，完成铺管作业，如图 4.3.50 所示。

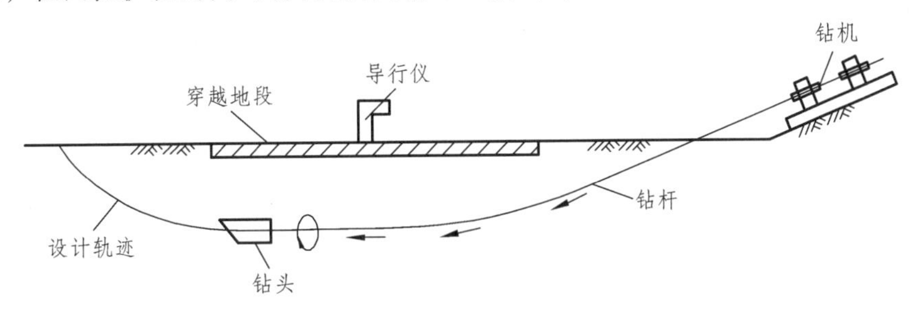

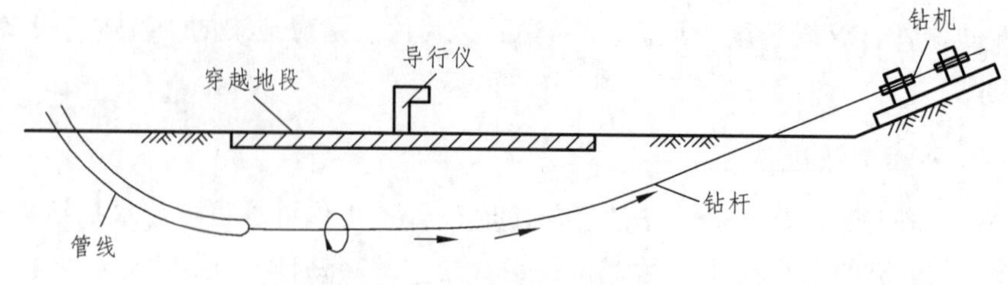

图 4.3.50 水平导向钻进施工示意

导向孔是通过导向钻头的高压水射流冲蚀破碎、旋转切削成孔的，导向钻头的前端为 15°造斜面，在钻具不回转钻进时，造斜面对钻头有一偏斜力，使钻头向着斜面的反方向偏斜，起到造斜作用。定向孔的施工方法要根据土质确定。一般在松软地层中，靠高压水射流切割成孔；在坚硬地层中，靠钻头破碎钻进成孔。导（定）向钻进设备主要包括用于探测管线的导向仪和导（定）向钻机。

4.3.4 市政管道非开挖修复技术简介

管道非开挖修复是指在用管道所处的环境无法满足开挖重建的要求，或开挖重建很不经济，经技术经济综合分析而又不应废弃的情况下，为改善管道的流动性和结构承载力，延长使用寿命而采用的一种在线维修方法。该技术主要是针对旧管道内壁存在的腐蚀和结构破坏，进行防护和修复。常用的修复方法主要有内衬法、软衬法、缠绕法、喷涂法、浇注法、管片法、化学稳定法和局部修复法等方法。

4.3.4.1 内衬法

传统的内衬法是通过破损管道两端的检查井（或阀门井），将一直径稍小的新管道插入（或拉入）到旧管道中，在新旧管道间的环形间隙中灌浆，并予以固结的一种修复方法。插入的新管一般是聚乙烯管、塑料管、玻璃钢管、陶土管、混凝土管等管道；灌浆材料一般为水泥砂浆、化学密封胶。

该法适用于各种市政圆形管道的局部修复，管径一般为 100 ~ 2 500 mm。施工简单、速度快、对工人技术要求低、不需要投入大型设备，但修复后管道的过流断面积减小，影响了管道的使用。

为了弥补传统内衬法的不足，可用管径与旧管相同的聚乙烯管作为新管。施工前通过机械作用使其缩径，然后将其送入旧管内，再通过加热、加压或靠自然作用使其恢复到原来的形状和尺寸，从而与旧管密合，以尽可能保证管道修复后过流断面积不减小。

管道缩径的方法一般有冷轧法、拉拔法和变形法。冷轧法是利用一台液压顶推装置向一组滚轧机推进聚乙烯管，以减小管道的直径。拉拔法是通过一个锥形的钢制拉模拉拔新管，使聚乙烯管的长分子链重新组合，从而管径变小。变形法是通过改变聚乙烯管的几何形状来减小其断面。

对于拉拔缩径的聚乙烯管，一般通过自然作用就可恢复；对于冷轧缩径和变形缩径的聚乙烯管，可通过高压水或高压蒸汽使其恢复，这就需要配以高压水泵和锅炉房。

该法管道的过流断面积减小很少，不需要灌浆固结，施工速度快，但只适用于圆形直线管道的修复。

4.3.4.2 软衬法

软衬法是在破损的旧管内壁上衬一层热固性树脂，通过加热使其固化，形成与旧管紧密结合的薄衬管，而管道的过流断面积基本上不减小，但流动性能却大大改善的修复方法。

热固性树脂一般为液态，有非饱和的聚酯树脂、乙烯树脂和环氧树脂三种。为加速其聚合固化作用，可使用催化剂。聚酯树脂使用钴作催化剂，用量为总树脂混合物质量的 1.5%～5%；环氧树脂由供应商给定相应的催化剂，用量为总树脂混合物质量的 2%～33%；乙烯树脂的固化比较复杂，使用前可参考有关文献。

施工前，首先将柔性的纤维增强软管、热固性树脂和催化剂加工成软衬管，用闭路电视摄像机检查旧管道的内部情况，然后将管道清洗干净。再将软衬管置入旧管内，通过水压或气压的作用使软衬管紧贴旧管的内壁。最后通过热水或蒸汽使树脂受热固化，从而在旧管道内形成一平滑的内衬层，达到修复的目的。

软衬管置入的方法有翻转法和绞拉法两种。

翻转法也称翻转内衬法，是将软衬管的一端反翻，并用夹具固定在旧管的入口处，然后利用水压（或气压）使软衬管浸有树脂的内层翻转到外面并与管道的内壁粘接。当软衬管到达终点后，向管内注入热水（或蒸汽）对管道内部进行加热，使树脂在管道内部固化形成新的管道。

绞拉法也称绞拉内衬法，是将绞拉钢丝绳穿过欲修复的管道后一端固定在绞车上，另一端连接软衬管，靠绞车将软衬管拉入管道内，最后拆掉钢丝绳，堵塞两端，利用热水（或蒸汽）使软衬管膨胀并固化的施工方法。

软衬法适用于管径为 50～2 700 mm 的各类市政管道的修复。优点是施工速度快、不需灌浆、没有接头内表面光滑、可全天候施工。缺点是对工人的技术要求高、需借助摄像机进行内部探损、树脂为进口材料且需冷藏保管、还需要用锅炉和循环泵提供热水进行加热、施工繁杂、难度大、造价高。

4.3.4.3 缠绕法

缠绕法是将聚氯乙烯（PVC）或高密度聚乙烯（HDPE）在工厂内制成带 T 型筋和边缘公母扣的板带，用制管机将板带卷成螺旋形圆管，在制管过程中公母扣相嵌并锁结，同时用硅胶密封。制管完成后将其送入需修复的旧管内，再在螺旋管和旧管间灌注水泥浆，达到修复的目的。

该法主要用于管径为 150～2 500 mm 的排水管道的修复，施工速度快，缺点是只适用于圆形管道的修复且对工人的技术要求较高。

4.3.4.4 喷涂法

喷涂法是用喷涂材料在管道内壁形成一薄涂层,从而对管道进行修复的施工方法。施工时用绞车牵引高速喷头一边后退一边将喷涂材料均匀地喷涂在需修复的管道内壁上。

喷涂材料一般为水泥浆液、环氧树脂、聚脲、改性聚脲,涂层厚度视管道破损情况而定。

喷涂法主要用于管径为 75 ~ 2 500 mm 的各种管道的防腐,也可用于在管道内形成结构性内衬。施工速度快、过流断面积损失小;但涂料固化需要的时间较长且对工人的技术水平要求较高。

4.3.4.5 浇注法

浇注法主要用于修复管径大于 900 mm 的污水管道。施工时,先在污水管的内壁上固定加筋材料,安装钢模板,然后向钢模内注入混凝土和胶结材料以形成一层内衬,混凝土固化后拆除模板即可。

该法可适应混凝土断面形状的变化,但过流断面积损失大。

4.3.4.6 管片法

管片法是用预制的扇形管片在大口径管道内直接组合而形成内衬的施工方法。通常由 2 ~ 4 片管片组成一个断面,管片组合后,还需在管片和原有管道的环形空间内灌浆,以便与原有管道形成一个整体。

管片通常在工厂预制,其材料为玻璃纤维加强的混凝土管片(GRC)、玻璃钢管片(GRP)、塑料加强的混凝土管片(PRC)、混凝土管片和加筋的砂浆管片。

该法适用于管径大于 900 mm 的各种材料的污水管道的修复,可以带水作业,但过水断面积损失大,施工速度慢。

4.3.4.7 化学稳定法

化学稳定法主要用于修复管道内的裂隙和空穴。施工前,将待修复的管道隔离并清淤,然后向管道内注入化学溶液使其渗入裂隙并进入周围的土层,大约 1 个小时后将剩余溶液用水泵抽出,再注入第二种化学溶液。两种溶液的化学反应使土颗粒胶结在一起形成一种类似混凝土的材料,达到密封裂隙和空穴的目的。

该法适用于管径为 100 ~ 600 mm 的各种污水管道的修复,施工时对周围环境干扰小,但施工质量较难控制。

4.3.4.8 局部修复法

局部修复法主要用于管道内局部的结构性破坏及裂纹的修复,常采用套环法。

套环法是在管道需修复部位安装止水套环来阻止渗漏的方法。施工时,在套环与旧管之间还需要加止水材料。常采用钢套环或 PVC 套环，止水材料为橡胶圈或密封胶。该法的缺点是套环影响水的流动，容易造成垃圾沉淀，对管道疏通也有影响，当用绞车疏通时容易被拉松带走。

4.4 课后测试

人工掘进法适用条件及注意事项？

任务 5　盾构法施工

你将完成的任务

盾构施工简介；盾构施工；盾构施工案例。

你将收获的知识与能力

（1）掌握管道盾构施工的基本原理。
（2）掌握管道盾构施工内业的基本知识。
（3）掌握管道盾构施工文明施工、安全施工的基本知识。
（4）能熟练识读盾构工程施工图。
（5）能按照施工图，合理地选择管道施工方法。
（6）能进行管道盾构施工方案编制。

学时要求

16 学时。

5.1　任务准备

引导问题：怎么建成的水底公路隧道？（图 5.1.1）

图 5.1.1　水底公路隧道

5.2　课前测试

讨论：什么是盾构施工？

5.3　交互学习

盾构是不开槽施工时用于地下掘进和拼装衬砌的施工设备。使用盾构开挖隧道的方法就是盾构法。

盾构法源于法国，由工程师 Mare Isambrard Brunel（布鲁诺尔）发明，并于 1834 年用盾构法建成了第一条过江隧道。我国在 20 世纪 50 年代开始引进盾构法，并在北京和上海等地进行小型盾构法施工试验，至今已有 50 多年的施工历史，根据以往的施工经验，可知盾构法具有以下一些优点：

（1）因施工中顶进的是盾构本身故在同一土层中所需的顶力为一常数.

（2）盾构断面可以为任意形状，可成直线或曲线走向。

（3）在盾构设备的掩护下，进行土层开挖和衬砌，使施工操作安全。

（4）施工噪声小，不影响城市地面交通。

（5）盾构法进行水底施工时，不影响航道通航。

（6）施工中如严格控制正面超挖，加强衬砌背面空隙的填充，可有效地控制地表沉降。

因此，盾构法广泛用于城市建筑密集、交通繁忙、地下管线集中地段的地下管廊的施工。同样，盾构法也具有一定缺点：

（1）断面尺寸多变的区段适应能力差。

（2）新型盾构购置费昂贵，对施工区段短的工程不太经济。

（3）隧道曲线半径过小时施工较为困难。

（4）隧道埋深太浅，则盾构法施工困难很大，地表沉降很难控制。

（5）道衬砌、运输、拼装、机械安装等工艺复杂，同时需要设备制造、衬砌管片预制、场地布置、盾构转移等不同施工技术的相互配合，系统工程协调复杂。

5.3.1　盾构法原理

盾构法施工时，先在需施工地段的两端，各修建一个工作坑（又称竖井），然后将盾构从地面下放到起点工作坑中，首先借助外部千斤顶将盾构顶入土中，然后再借助盾构壳体内设置的千斤顶的推力，在地层中使盾构沿着管道的设计中心线，向管道另一端的接收坑中推进，如图 5.3.1 所示。同时，将盾构切下的土方外运，边出土边将砌块运进盾构内，当盾构每向前推进 1 ~ 2 环砌块的距离后，就可在盾尾衬砌环的掩护下将砌块拼成管道。在千斤顶的推进过程中，其后座力传至盾构尾部已拼装好的砌块上，继而再传至起点井的后背上。当管廊拼砌一定长度后就可作为千斤顶的后背，如此反复循环操作，即可修建任意长度的管廊（或管道）。在拼装衬砌过程中，应随即在砌块外围与土层之间形成的空隙中压注足够的浆液，以防地面下沉。

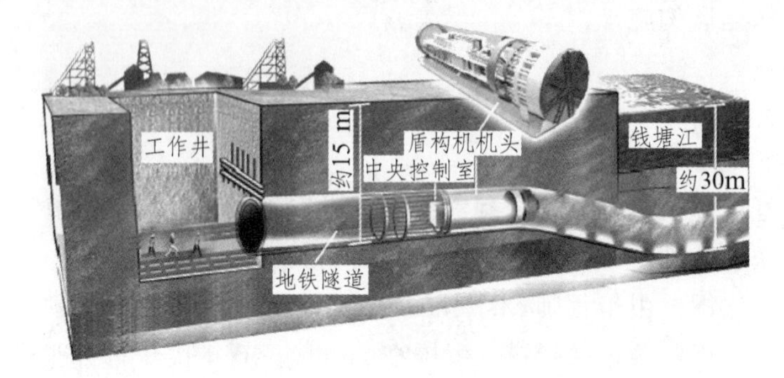

图 5.3.1 盾构法原理

5.3.2 盾构法的发展

1818—1880 年：敞口式手掘盾构（图 5.3.2）。

➢ 第一代盾构

Brunel盾构

伦敦Blackwall盾构隧道

图 5.3.2 敞口式手掘盾构

1880—1960 年：机械式盾构 、气压式盾构（图 5.3.3）。

➢ 第二代盾构

网格式盾构

插刀盾构

图 5.3.3 机械式盾构、气压式盾构

1960—1980 年：闭胸式盾构（图 5.3.4）。

➢ 第三代盾构

土压平衡盾构

泥水平衡盾构

图 5.3.4　闭胸式盾构

1980 年至今：大断面，大深度，长距离，高速化，断面的多样化（图 5.3.5）。

盾构机的造型

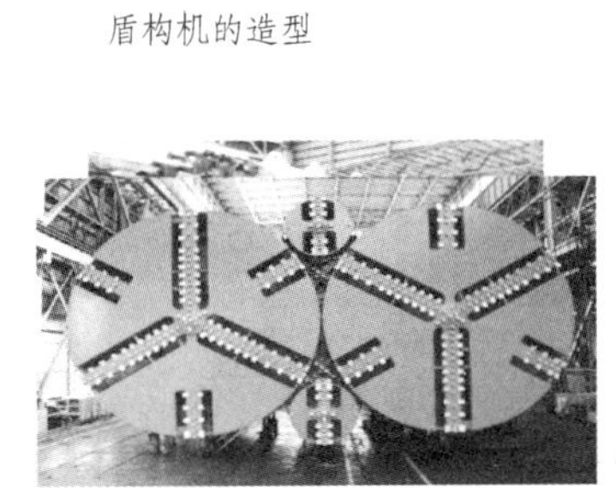

图 5.3.5　现代化盾构机

5.3.3　盾构机的组成

盾构一般由前部的切口环（掘进系统）、中部的支撑环（推进系统）、后部的衬砌环（衬砌拼装系统）3 部分组成（图 5.3.6）。

图 5.3.6　盾构机的组成

5.3.4 盾构法施工步骤

1. 开挖工作井

（1）工作井的尺寸。

（2）基础和后背墙。

（3）导轨安装。

2. 吊装盾构机，装配千斤顶（图 5.3.7）

图 5.3.7 吊装盾构机，装配千斤顶

3. 利用千斤顶进行盾构施工，形成隧道

（1）敞开式开挖。

（2）机械切削式开挖。

（3）挤压式开挖。

（4）网格式开挖。

特别提示

注意如下工程：顶进纠偏，开挖面（掌子面）、纵坡。

4. 隧道内进行混凝土衬砌注浆加固

（1）通缝拼装和错缝拼装。

（2）先环后纵和先纵后环。

（3）压注填充：一次压注。

5.4 课后测试

盾构施工适用条件是什么？除盾构施工外，管道施工的其他方法又哪些？

任务6　其他市政管线工程

你将完成的任务

燃气管道系统；热力管网系统；电力管线和电信管线的构造。

你将收获的知识与能力

（1）掌握燃气管道施系统、热力管网系统、电力管线和电信管线的基本原理。

（2）掌握燃气管道施工、热力管网施工、电力管线和电信管线施工内业的基本知识。

（3）掌握燃气管道、热力管网、电力管线和电信管线安全文明施工的基本知识。

（4）能熟练识读燃气管道系统、热力管网系统、电力管线和电信管线施工图。

（5）能按照施工图，合理地选择管道施工方法。

（6）能进行管道盾构施工方案编制。

学时要求

14学时。

6.1　任务准备

引导问题：燃气管道施系统、热力管网系统、电力管线和电信管线分别如何施工？

6.2　课前测试

讨论：燃气管道施工、热力管网施工、电力管线和电信管线的施工与给排水管道施工的区别是什么？

6.3　交互学习

6.3.1　燃气管道系统

6.3.1.1　燃气管道系统的组成

燃气包括天然气、人工燃气和液化石油气。燃气经长距离输气系统输送到燃气分配站（也称作燃气门站），在燃气分配站将燃气压力降至城市燃气供应系统所需的压力后，由城市燃气管网系统输送分配到各用户使用。因此，城市燃气管网系统是指自气源厂或城市门站到用户引入管的室外燃气管道。现代化的城市燃气输配系统一般由燃气管网、燃气分配站、调压站、储配站、监控与调度中心、维护管理中心组成，如图 6.3.1 所示。

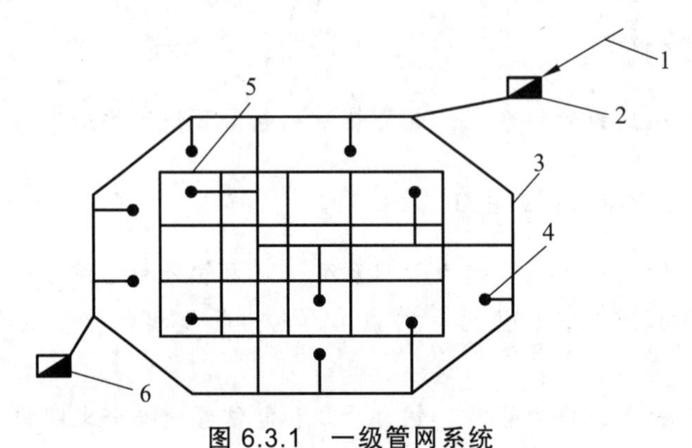

图 6.3.1　一级管网系统

1—长输管线；2—城市燃气门站及高压罐站；3—中压管网；
4—中低压调压站；5—低压管网；6—低压储气罐站

城市燃气管网系统根据所采用的压力级制的不同，可分为一级系统、两级系统、三级系统和多级系统 4 种。

一级系统仅用低压管网来输送和分配燃气，一般适用于小城镇的燃气供应系统。

两级系统由低压和中压 B 或低压和中压 A 两级管网组成。

三级系统由低压、中压和高压三级管网组成 。

选择城市燃气管网系统时，应综合考虑城市规划、气源情况、原有城市燃气供应设施、不同类型的用户用气要求、城市地形和障碍物情况、地下管线情况等因素，通过技术经济比较，选用经济合理的最佳方案。

6.3.1.2　城市燃气管道的布置

城市燃气管道和给水排水管道一样，也要敷设在城市道路下，它在平面上的布置要根据管道内的压力、道路情况、地下管线情况、地形情况、管道的重要程度等因素确定。

高、中压输气管网的主要作用是输气，并通过调压站向低压管网配气。因此，高压输气管网宜布置在城市边缘或市内有足够埋管安全距离的地带，并应成环，以提高输气的可靠性。中压输气管网应布置在城市用气区便于与低压环网连接的规划道路下，并形成环网，以提高输气和配气的安全可靠性。但中压管网应尽量避免沿车辆来往频繁或闹市区的道路敷设，以免造成施工和维护管理困难。在管网建设初期，根据实际情况高、中压管网可布置成半环形或枝状网，并与规划环网有机联系，随着城市建设的发展再将半环形或枝状网改造成环状网。

低压管网的主要作用是直接向各类用户配气，根据用户的实际情况，低压管网除以环状网为主体布置外，还允许枝状网并存。低压管道应按规划道路定线，与道路轴线或建筑物的前沿平行，沿道路的一侧敷设，在有轨电车通行的道路下，当道路宽度大于 20 m 时应双侧敷设。低压管网中，输气的压力低，沿程压力降的允许值也较低，因此低压环网的每环边长不宜太长，一般控制在 300 ~ 600 m。

为保证在施工和检修时市政管道间互不影响，同时也为了防止由于燃气的泄露而影响相邻管道的正常运行，甚至逸入建筑物内对人身造成伤害，地下燃气管道与建筑物、构筑物基础以及其他管道之间应保持一定的最小水平净距。

6.3.1.3 燃气管材及附属设备

1. 管　材

用于输送燃气的管材种类很多，应根据燃气的性质、系统压力和施工要求来选用，并要满足机械强度、抗腐蚀、抗震及气密性等要求。一般而言，常用的燃气管材主要有以下几种：

（1）钢管。

常用的钢管主要有普通无缝钢管和焊接钢管。焊接钢管中用于输送燃气的常用管道是直焊缝钢管，常用管径为 DN 6 mm ~ DN 150 mm。对于大口径管道，可采用直缝卷焊管（DN 200 mm ~ DN 1 800 mm）和螺旋焊接管（DN 200 mm ~ DN 700 mm），其管长为 3.8 ~ 18 m。

钢管具有承载力大、可塑性好、管壁薄、便于连接等优点，但抗腐蚀性差，须采取可靠的防腐措施。

（2）铸铁管。

用于燃气输配管道的铸铁管，一般为铸模浇铸或离心浇筑铸铁管，铸铁管的抗拉强度、抗弯曲和抗冲击能力不如钢管，但其抗腐蚀性比钢管好，在中、低压燃气管道中被广泛采用。

（3）塑料管。

塑料管具有耐腐蚀、质轻、流动阻力小、使用寿命长、施工简便、抗拉强度高等优点，近年来在燃气输配系统中得到了广泛应用，目前应用最多的是中密度聚乙烯和尼龙-11 塑料管。但塑料管的刚性差，施工时必须夯实槽底土壤，才能保证管道的敷设坡度。此外，铜管和铝管也用于燃气输配管道上，但由于其价格昂贵，使其使用受到了一定程度的限制。

2. 附属设备

为保证燃气管网安全运行，并考虑到检修的方便，在管网的适当地点要设置必要的附属设备，常用的附属设备主要有以下几种：

（1）阀门。

阀门的种类很多，在燃气管道上常用的有闸阀、截止阀、球阀、蝶阀、旋塞。闸阀和蝶阀在本章第一节给水管道工程构造中已述及，在此不再介绍。截止阀依靠阀瓣的升降来达到开闭和节流的目的，截止阀使用方便、安全可靠；但阻力较大。球阀的体积小，流通断面与管径相等，动作灵活，阻力损失小，能满足通过清管球的需要。

截止阀和球阀主要用于液化石油气和天然气管道上，闸阀和有驱动装置的截止阀、球阀只允许装在水平管道上。

旋塞是一种动作灵活的阀门，阀杆转 90°即可达到启闭的目的 。常用的旋塞有 2 种，一种是利用阀芯尾部螺母的作用，使阀芯与阀体紧密接触，不致漏气，这种旋塞只允许用于低压管道上，称为无填料旋塞。另一种称为填料旋塞，利用填料来堵塞阀体与阀芯之间的间隙以避免漏气，这种旋塞体积较大，但较安全可靠。

（2）补偿器。

补偿器是消除管道因胀缩所产生的应力的设备，常用于架空管道和需要进行蒸汽吹扫的管道上。此外，补偿器安装在阀门的下侧，利用其伸缩性能，方便阀门的拆卸与检修。在埋地燃气管道上，多用钢制波形补偿器，如图 6.3.2 所示，其补偿量约为 10 mm。为防止补偿器中存水锈蚀，由套管的注入孔灌入石油沥青，安装时注入孔应在下方。补偿器的安装长度应是螺杆不受力时补偿器的实际长度，否则不但不能发挥其补偿作用，反而使管道或管件受到不应有的应力。

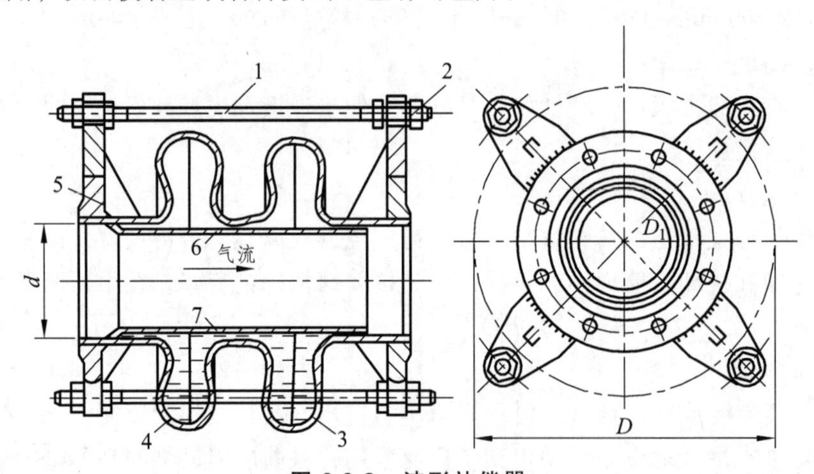

图 6.3.2　波形补偿器

1—螺杆；2—螺母；3—波节；4—石油沥青；5—法兰盘；6—套管；7—注入孔

在通过山区、坑道和地震多发区的中、低压燃气管道上，可使用橡胶—卡普隆补偿器，如图 6.3.3 所示。它是带法兰的螺旋皱纹软管，软管是用卡普隆布作夹层的胶管，外层用粗卡普隆绳加强。其补偿能力在拉伸时为 150 mm，压缩时为 100 mm，优点是纵横方向均可变形。

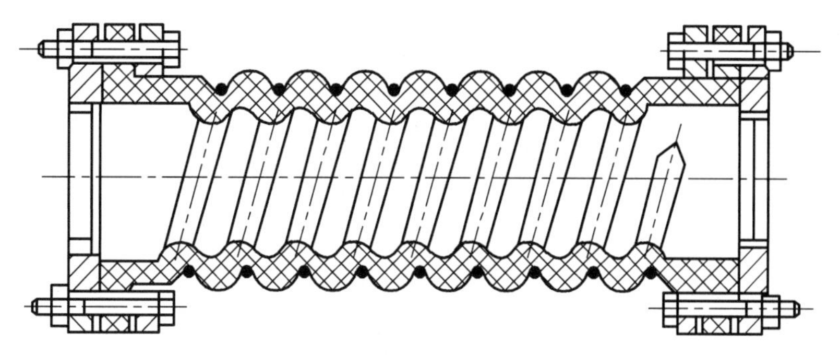

图 6.3.3　橡胶-卡普隆补偿器

（3）排水器。

为排除燃气管道中的冷凝水和石油伴生气管道中的轻质油，在管道敷设时应有一定的坡度，在低处设排水器，将汇集的油或水排出，其间距根据油量或水量而定，通常取 500 m。

根据燃气管道中压力的不同，排水器有不能自喷和自喷 2 种。在低压燃气管道上，安装不能自喷的低压排水器，如图 6.3.4 所示，水或油要依靠抽水设备来排除。

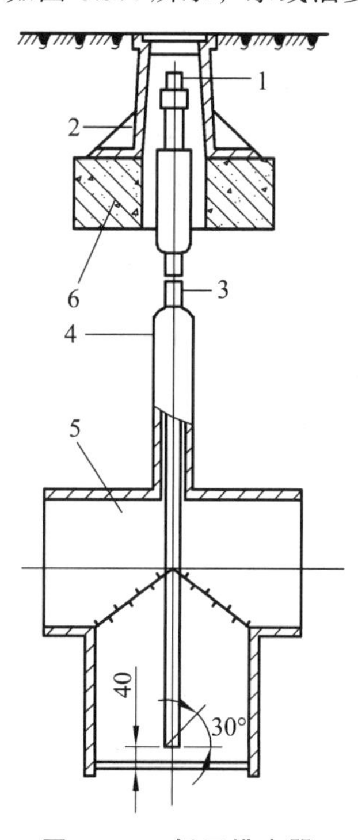

图 6.3.4　低压排水器

1—丝堵；2—防护罩；3—抽水管；4—套管；5—集水器；6—底座

在高、中压燃气管道上，安装能自喷的高、中压排水器，如图 6.3.5 所示，由于管道内压力较高，水或油在排水管旋塞打开后自行排除。为防止剩余在排水管内的水在冬季结冰，应另设循环管，使排水管内水柱上、下压力平衡，水依靠重力回到下部的集水器中。为避免被燃气中的焦油和萘等杂质堵塞，排水管和循环管的管径应适当加大。

排水器还可观测燃气管道的运行状况，并可作为消除管道堵塞的手段。

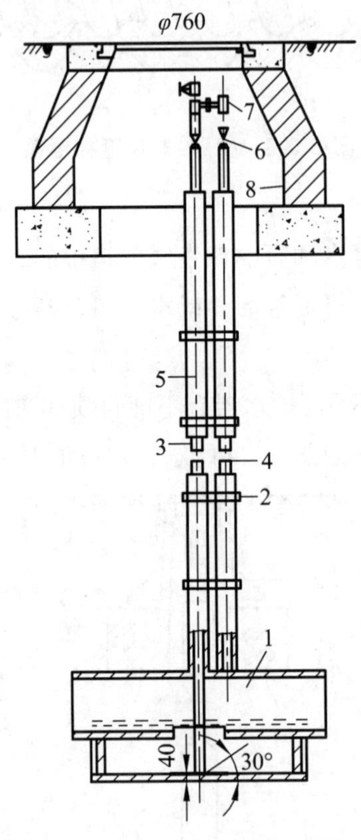

图 6.3.5　高、中压排水器

1—集水器；2—管卡；3—排水管；4—循环管；
5—套管；6—旋塞；7—丝堵；8—井圈

（4）放散管。

放散管是一种专门用来排放管道内部的空气或燃气的装置。在管道投入运行时，利用放散管排除管道内的空气；在检修管道或设备时，利用放散管排除管道内的燃气，防止在管道内形成爆炸性的混合气体。放散管应安装在阀门井中，在环状网中阀门的前后都应安装，在单向供气的管道上则安装在阀门前。

（5）阀门井。

为保证管网的运行安全与操作方便，市政燃气管道上的阀门一般都设置在阀门井中。阀门井一般用砖、石砌筑，要坚固耐久并有良好的防水性能，其大小要方便工人检修，井筒不宜过深，其构造如图 6.3.6 所示。

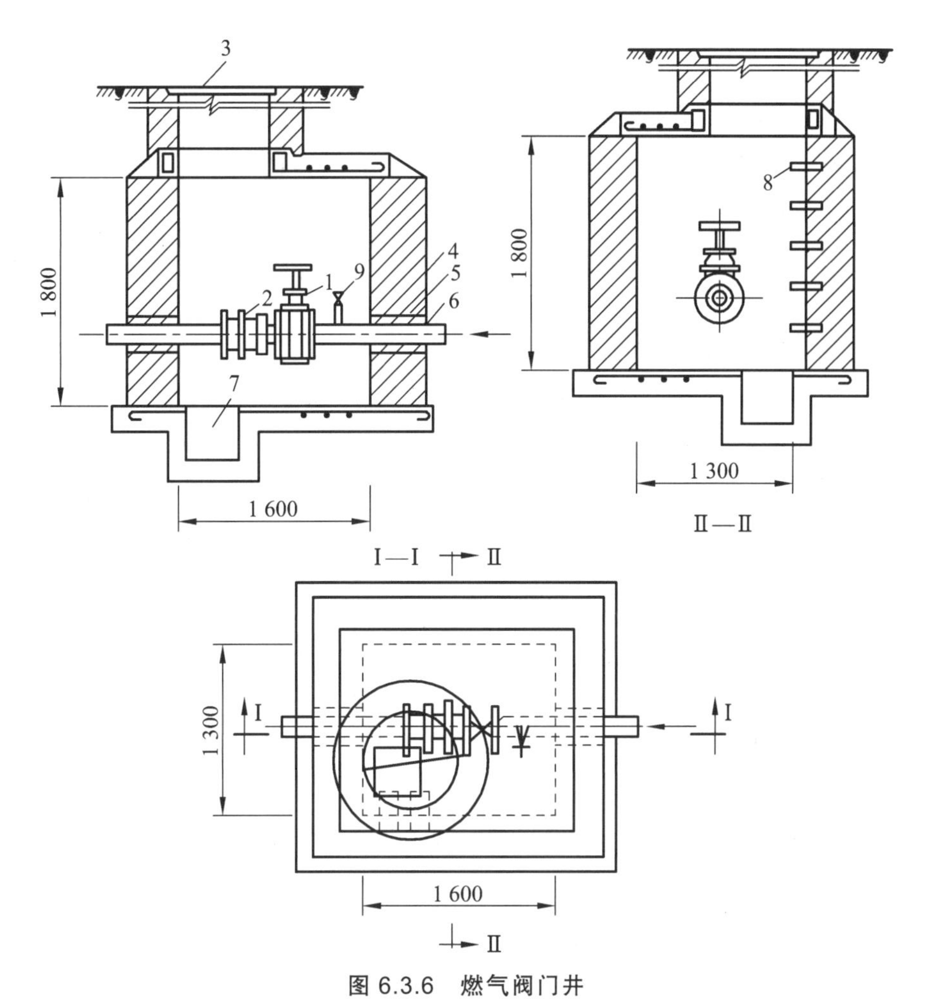

图 6.3.6 燃气阀门井

1—阀门；2—补偿器；3—井盖；4—防水层；5—浸沥青麻；
6—沥青砂浆；7—集水坑；8—爬梯；9—放散管

6.3.1.4 燃气管道的构造

燃气管道为压力流，在施工时只要保证管材及其接口强度满足要求，做好防腐、防冻，并保证在使用中不致因地面荷载引起损坏即可。因此，燃气管道的构造一般包括基础、管道、覆土 3 部分。

1. 基 础

燃气管道的基础是防止管道不均匀沉陷造成管道破裂或接口损坏而漏气。同给水管道一样，燃气管道一般情况下也有天然基础、砂基础、混凝土基础三种基础，使用情况同给水管道。

2. 管 道

是指采用设计要求的管材，常用的燃气管材前已述及。

3. 覆　土

燃气管道埋设在地面以下，其管顶以上应有一定厚度的覆土，以保证在正常使用时管道不会因各种地面荷载作用而损坏。燃气管道宜埋设在土壤冰冻线以下，在车行道下覆土厚度不得小于 0.8 m；在非车行道下覆土厚度不得小于 0.6 m。

6.3.2　热力管网系统

6.3.2.1　热力管网系统的组成

根据输送的热媒的不同，市政热力管网一般有蒸汽管网和热水管网 2 种形式。不管是蒸汽管网还是热水管网，根据管道在管网中的作用，均可分为供热主干管、支干管和用户支管 3 种

6.3.2.2　热力管网的布置与敷设

热力管网应在城市规划的指导下进行布置，主干管要尽量布置在热负荷集中区，力求短直，尽可能减少阀门和附件的数量。通常情况下应沿道路一侧平行于道路中心线敷设，地上敷设时不应影响城市美观和交通。

同给水管网一样，热力管网为压力流，其平面布置也有环状网和枝状网 2 种布置形式 。

枝状管网布置简单，管径随距热源距离的增大而逐渐减小；管道用量少，投资少，运行管理方便。但当管网某处发生故障时，故障点以后的用户将停止供热。由于建筑物具有一定的蓄热能力，迅速消除故障后可使建筑物室温不致大幅度降低。在枝状管网中，为了缩小事故时的影响范围和迅速消除故障，在主干管与支干管的连接处以及支干管与用户支管的连接处均应设阀门。

环状管网仅指主干管布置成环，而支干管和用户支管仍为枝状网。其主要优点是供热可靠性大，但其投资大，运行管理复杂，要求有较高的自动控制措施。因此，枝状管网是热力管网普遍采用的方式。

热力管道的敷设分地上敷设和地下敷设 2 种类型。

地上敷设是指管道敷设在地面以上的独立支架或建筑物的墙壁上。根据支架高度的不同，一般有低支架敷设、中支架敷设、高支架敷设 3 种形式。低支架敷设时，管道保温结构底距地面净高为 0.5 ~ 1.0 m，它是最经济的敷设方式；中支架敷设时，管道保温

结构底距地面净高为 2.0 ~ 4.0 m，它适用于人行道和非机动车辆通行地段；高支架敷设时，管道保温结构底距地面净高为 4.0 m 以上，它适用于供热管道跨越道路、铁路或其他障碍物的情况，该方式投资大，应尽量少用。地上敷设的优点是构造简单、维修方便、不受地下水和其他管线的影响。但占地面积多、热损失大、美观性差。因

此多用于厂区和市郊。

地下敷设是热力管网广泛采用的方式，分地沟敷设和直埋敷设 2 种形式。地沟敷设时，地沟是敷设管道的围护构筑物，用以承受土压力和地面荷载并防止地下水的侵入；直埋敷设适用于热媒温度小于 150 °C 的供热管道，常用于热水供热系统，直埋敷设管道采用“预制保温管”，它将钢管、保温层和保护层紧密地粘成一体，使其具有足够的机械强度和良好的防腐防水性能，具有很好的发展前途。地下敷设的优点是不影响市容和交通，因此市政热力管网经常采用地下敷设。

6.3.2.3 热力管道及其附件

1. 热力管道

市政热力管道通常采用无缝钢管和钢板卷焊管。

2. 阀 门

热力管道上的阀门通常有 3 种类型，一是起开启或关闭作用的阀门，如截止阀、闸阀；二是起流量调节作用的阀门，如蝶阀；三是起特殊作用的阀门，如单向阀、安全阀、减压阀等。截止阀的严密性较好，但阀体长，介质流动阻力大，通常用于全开、全闭的热力管道，一般不做流量和压力调节用；闸只用于全开、全闭的热力管道，不允许做节流用；蝶阀阀体长度小，流动阻力小，调节性能优于截止阀和闸阀，在热力管网上广泛应用，但造价高。

3. 补偿器

为了防止市政热力管道升温时，由于热伸长或温度应力而引起管道变形或破坏，需要在管道上设置补偿器，以补偿管道的热伸长，从而减小管壁的应力和作用在阀件或支架结构上的作用力。

热力管道补偿器有 2 种，一种是利用材料的变形来吸收热伸长的补偿器，如自然补偿器、方形补偿器和波纹管补偿器；另一种是利用管道的位移来吸收热伸长的补偿器，如套管补偿器和球形补偿器。

弹性套管式补偿器有以下优点：

（1）在弹簧的作用力下，密封材料始终处于被压紧的状态，从而使管中的介质无法泄漏。

（2）由于填料长度比原套筒式补偿器短，又采用不锈钢套管，加之填料经过特殊处理，使套管光滑经久不变，所以轴向力小。

4. 管 件

市政热力管网常用的管件有弯管、三通、变径管等。弯管的材质不应低于管道的材质，壁厚不得小于管道壁厚；钢管的焊制三通，支管开孔应进行补强，对于承受管子轴向荷载较大的直埋管道，应考虑三通干管的轴向补强；变径管应采用压制或钢板卷制，其材质不应低于管道钢材质量，壁厚不得小于管壁厚度。热力管道管件的技术规格参见有关资料。

6.3.2.4 热力管道结构

热力管道为压力流，在施工时只要保证管材及其接口强度满足要求，并根据实际情况采取防腐、防冻措施；在使用过程中保证不致因地面荷载引起损坏，不会产生过多的热量损失即可。因此，热力管道的构造一般包括基础、管道、保温结构、覆土 4 部分。

1. 基 础

热力管道的基础是防止管道不均匀沉陷造成管道破裂或接口损坏而使热媒损失。同给水管道一样，热力管道一般情况下也有天然基础、砂基础、混凝土基础 3 种基础，使用情况同给水管道。

2. 管 道

管道是指采用设计要求的管材，常用的热力管材前已述及。

3. 保温结构

管道保温的目的是减少热媒的热损失，防止管道外表面的腐蚀，避免运行和维修时烫伤人员。常用的保温材料有：岩棉制品 、石棉制品 、硬质泡沫塑料制品 。

4. 覆 土

热力管道埋设在地面以下，其管顶以上应有一定厚度的覆土，以保证在正常使用时管道不会因各种地面荷载作用而损坏。热力管道宜埋设在土壤冰冻线以下，直埋时在车行道下的最小覆土厚度为 0.7 m；在非车行道下的最小覆土厚度为 0.5 m；地沟敷设时在车行道和非车行道下的最小覆土厚度均为 0.2 m。

6.3.2.5 热力管道附属构筑物

1. 地 沟

地沟分为通行地沟、半通行地沟和不通行地沟。

2. 沟 槽

在管道直埋敷设时，保温管底为砂垫层，砂的粒度不大于 2.0 mm。保温管套顶至地面的深度 h 一般干管取 800 ~ 1 200 mm，接向用户的支管覆土厚度不小于 400 mm。

3. 检查井

地下敷设的供热管网，在管道分支处和装有套筒补偿器、阀门、排水装置等处，都应设置检查井，以便进行检查和维修。与市政排水管道一样，热力管道的检查井也有圆形和矩形 2 种形式。

6.3.3 电力管线和电信管线的构造

6.3.3.1 电力管线的构造

市政电力管线包括电源和电网两部分，其用电负荷主要包括住宅照明、公共建筑照明、城市道路照明、电气化交通用电、给排水设备用电、及生活用电器具、标语美术照明、小型电动机用电等。

城市供电电源有发电厂和变电所 2 种类型。

发电厂有火力发电厂、水力发电厂、风力发电厂、太阳能发电厂、地热发电厂和原子能发电厂等，目前广泛使用的是火力发电厂和水力发电厂。

变电所有变压变电所和交流变电所 2 种。

从电源输送电能给用户的输电线路称为电网。

城市电网的连线方式一般有树干式、放射式和混合式 3 种。

树干式是各用电设备共用一条供电线路，优点是导线用量少，投资低；但供电可靠性低。

放射式是各用电设备均从电源以单独的线路供电，优点是供电可靠性高；但导线用量多，投资高。

混合式是放射式和树干式并存的一种布置方式。

城市电网沿道路一侧敷设，有导线架空敷设和电缆埋地敷设 2 种方式。

基础的作用主要是防止电杆在垂直荷载、水平荷载及事故荷载的作用下，产生上拔、下压、甚至倾倒现象。

电杆多为锥形，用来安装横担、绝缘子和架设导线。城市中一般采用钢筋混凝土杆，在线路的特殊位置也可采用金属杆。根据电杆在线路中的作用和所处的位置，可将电杆分为直线杆、耐张杆、转角杆、终端杆、分支杆和跨越杆 6 种基本形式。

导线是输送电能的导体，应具有一定的机械强度和耐腐蚀性能，以抵抗风、雨、雪和其他荷载的作用以及空气中化学杂质的侵蚀。

横担装在电杆的上端，用来安装绝缘子、固定开关设备及避雷器等，一般采用铁横担或陶瓷横担。

绝缘子俗称瓷瓶，用来固定导线并使导线间、导线与横担间、导线与电杆间保持绝缘，同时承受导线的水平荷载和垂直荷载。常用的绝缘子有针式、蝶式、悬式和拉紧式。

金具是架空线路中各种金属联结件的统称，用来固定横担、绝缘子、拉线和导线。一般有联结金具、接续金具和拉线金具。

当架空的裸导线穿过市区时，应采取必要的安全措施，以防触电事故的发生。

电缆线路和架空线路的作用完全相同，但与架空线路相比具有不用杆塔、占地少、整齐美观、传输性能稳定、安全可靠等优点，在城市电网中使用较多。

电力电缆一般由导电线芯、绝缘层及保护层 3 部分组成。

我国的电缆产品，按其芯数有单芯、双芯、三芯、四芯之分，线芯的形状有圆形、半椭圆形、扇形和椭圆形等。当线芯的截面大于 16 mm^2 时，通常采用多股导线绞和并压紧而成，以增加电缆的柔软性和结构稳定性。电缆的型号由汉语拼音字母组成，有外护层时则在字母后加上 2 个阿拉伯数字。常用电缆型号中字母的含义及排列顺序见表 6.3.1。

表 6.3.1　常用电缆型号中字母的含义及排列顺序

类别	绝缘种类	线芯材料	内护层	其他特征	外护层
电力电缆不表示	Z—纸绝缘	T—铜	Q—铅护套	D—不滴流	2 个数字
K—控制电缆	X—橡皮	（省略）	L—铝护套	F—分相铅包	
Y—移动式软电缆	V—聚氯乙烯	L—铝	H—橡套	P—屏蔽	
P—信号电缆	Y—聚乙烯		（H)F—非燃性橡套	C—重型	
H—市内电话电缆	YJ—交联聚乙烯		V—聚氯乙烯护套		
			Y—聚乙烯护套		

电缆埋地敷设有直埋敷设和电缆沟敷设 2 种方式。

直埋敷设施工简单、投资少、散热条件好，应优先考虑采用。

电缆沟敷设是将电缆置于沟内，一般用于不宜直埋的地段。

电缆沟进户处应设防火隔墙，在引出端、终端、中间接头和走向有变化处均应挂标示牌，注明电缆规格、型号、回路及用途，以便维修。

6.3.3.2　电信管线的构造

城市通信包括邮政通信和电信通信。邮政通信主要是传送实物信息，如传递信函、包裹、汇兑、报刊等；电信通信主要是利用电来传送信息，如市话、电报、传真、电视传送、数据传送等，它是不传送实物，而是传送实物的信息。

城市电信通信网络一般采用多局制，即把市话的局内机械设备、局间中继线以及用户线路网连接在一起构成多局制的市电话网，城市则划分为若干区，每区设立一个电话局，称为分局，各分局间用中继线连通。

市话通信网包括局房、机械设备、线路、用户设备。其中线路是用户与电话局之间联系的纽带，用户只有通过线路才能达到通信的目的。

电信线路包括明线和电缆两种。明线线路就是架设在电杆上的金属线对；电缆可以架空也可以埋设在地下，一般大城市的电缆都埋入地下，以免影响市容。铠装电缆可直接埋入地下，铅包电缆或光缆要穿管埋设。

通信电缆的规格型号一般由分类代号、导体、绝缘、内护层、特征（派生）、外护层和规格 7 部分组成。

电信线路不管是架空还是埋地敷设，一般应避开易使线路损伤、毁坏的地段，宜布置在人行道或慢车道上（下），尽量减少与其他管线和障碍物的交叉跨越。

对架空明线而言，电信线（弱电）与电力线（强电）应分杆架设，分别布置在道路两侧。

架空线路的拉线应符合下列规定：

（1）本地电话网线路。

① 线路偏转角小于 30°时，拉线与吊线的规格相同。

② 线路偏转角在 30° ~ 60°时，拉线采用比吊线规格大一级的钢绞线。

③ 线路偏转角大于 60°时，应设顶头拉线。

④ 线路长杆档应设顶头拉线。

⑤ 顶头拉线采用比吊线规格大一级的钢绞线。

（2）长途光缆线路。

① 终端杆拉线应比吊线程式大一级。

② 角杆拉线，角深小于 13 m 时，拉线同吊线程式；角深大于 13 m 时，拉线应比吊线程式大一级。

③ 中间杆当两侧线路负荷不同时，应设顶头拉线，拉线程式应与拉力较大一侧的吊线程式相同。

④ 抗风杆和防凌杆的侧面与顺向拉线均应与吊线程式相同。

⑤ 假终结、长杆档拉线程式与吊线程式相同。

对直埋电缆而言，一般在用户较固定、电缆条数不多、架空困难又不宜敷设管道的地段采用。直埋电缆应敷设在冰冻层下，最小埋设深度在市区内为 0.7 m，在郊区为 1.2 m。

为便于日后维修，直埋电缆应在适当地方埋设标志，如电缆线路附近有永久性的建筑物或构筑物，则可利用其墙角或其他特定部位作为电缆标志，测量出与直埋电缆的相关距离，标注在竣工图纸上；否则，应制做混凝土或石材的标志桩，将标志桩埋于电缆线路附近，记录标志桩到电缆路的相关距离。标志桩有长桩和短桩之分，长桩的边长为 15 mm，高度为 150 mm，用于土质松软地段，埋深 100 mm，外露 50 mm；短桩的边长为 12 mm，高度为 100 mm，用于一般地段，埋深 60 mm，外露 40 mm。标志桩一般埋于下列地点：

（1）电缆的接续点、转弯点、分支点、盘留处或与其他管线交叉处；

（2）电缆附近地形复杂，有可能被挖掘的场所；

（3）电缆穿越铁路、城市道路、电车轨道等障碍物处；

（4）直线电缆每隔 200 ~ 300 m 处。

电缆管道是埋设在地面下用于穿放通信电缆的管道，一般在城市道路定型、主干电缆多的情况下采用。常用水泥管块，特殊地段（如公路、铁路、水沟、引上线）使用钢管、石棉水泥管或塑料管。

水泥管块的管身应完整，不缺棱短角，管孔的喇叭口必须圆滑，管孔内壁应光滑平整。

通信用塑料管一般有聚氯乙烯（U-PVC）塑料管和高密度聚乙烯（HDPE）塑料管。

聚氯乙烯塑料管包括单孔双壁波纹管、多孔管、蜂窝管和格栅管。单孔双壁波纹管的外径一般为 100 ~ 110 mm，单根长度为 6 m，广泛用于市话电缆管道。蜂窝管为多孔一体结构，单孔形状为五边形或圆形，单孔内径为 25 ~ 32 mm，单根管长一般在 6 m 以上。多孔管也为多孔一体结构，单孔为圆形或六边形，其他同蜂窝管。

电缆管道一般敷设在人行道或绿化带下；不得已敷设在慢车道下时，应尽量靠近人行道一侧，不宜敷设在快车道下 。

全塑电缆芯线色谱排列端别应符合标准，电缆芯线基本单位（10 对或 25 对）的扎带颜色按白、红、黑、黄、紫为领示色，以蓝、橘、绿、棕、灰为循环色。100 对及以上的市话电缆要按设计规定的端别布放，当设计不明确时，在征得设计和建设单位同意后，可按以下端别规定布放：

（1）配线电缆：A 端在局方向，B 端在用户方向。

（2）市话局-交接设备主干电缆：A 端在局方向（总配线架方向），B 端在交接设备方向（用户方向）。

（3）交接设备-用户配线电缆：A 端在交接设备方向，B 端在用户方向。

（4）汇接局-分局中继电缆：A 端在汇接局方向，B 端在分局方向。

（5）分局-支局中继电缆：A 端在分局方向，B 端在支局方向。

为了便于电缆引上、引入、分支和转弯以及施工和维修的需要，应设置电缆管道检查井（也称为人孔），其位置应选择在管线分支点、引上电缆汇接点和市内用户引入点等处以及管线转弯、穿过道路等处，最大间距不超过 120 m，有时可小于 100 m。井的内部尺寸一般为：宽 0.8 ~ 1.8 m；长 1.8 ~ 2.5 m；深 1.1 ~ 1.8 m。电缆管道的检查井应与其他管线的检查井相互错开，并避开交通繁忙的路口。

6.3.4 燃气管道、热力管道和通信、电力管线施工图识读

燃气管道、热力管道、通信、电力管线工程施工图主要包括以下内容：

1. 图样目录

在图样目录中主要搞清新绘制的图样和选用的标准图样的编号，以便正确识读。

2. 图纸首页

在图纸首页中主要搞清楚本工程的设计依据、设计范围、设计原则、燃气用户的用量和压力、用电负荷、管线的种类和规格、管道接口和管线连接方式、施工质量检查和验收标准以及补偿器、排水器和阀门等的种类和规格。

3. 管线平面图

在管道平面图中主要搞清燃气管道、补偿器、排水器、阀门井的定位尺寸，管线的长度和根数等。

4. 管线纵断面图

在管道纵断面图中主要搞清地面标高、管线中心标高、管径、坡度坡向、排水器等管件的中心标高。

5. 管线横断面图

在管线横断面图中主要搞清各管线的相对位置及安装尺寸。

6. 节点大样图

在节点大样图中主要搞清各连接管件、阀门、补偿器、排水器的安装尺寸及规格。

参考文献

[1] 姜湘山. 简明管道工手册[M]. 北京：机械工业出版社，2001.
[2] 边喜龙. 给水排水工程施工技术[M]. 北京：中国建筑工业出版社，2005.
[3] 白建国，戴安全，吕宏德. 市政管道工程施工[M]. 北京：中国建筑工业出版社，2007.
[4] 李国轩. 水利水电勘察设计施工新技术实用手册[M]. 长春：吉林摄影出版社，2004.
[5] 李良训. 市政管道工程[M]. 北京：中国建筑工业出版社，2004.
[6] 刘钊，佘才高，周振强. 地铁工程设计与施工[M]. 北京：人民交通出版社，2004.
[7] 刘灿生. 给水排水工程手册[M]. 2版. 北京：中国建筑工业出版社，2002.
[8] 贾宝，赵智. 管道施工技术[M]. 北京：化工工业出版社，2003.